ECKHARD WOITE

Leben im Einklang mit der Natur

„Natur erleben und genießen muss gelernt werden.“
» Eckhard Woite

Eckhard Woite

Jahrgang 1940

Beruflicher Werdegang:
Einklassige Volksschule, Waldfacharbeiter, 1/2 Jahr Argentinien, 3 Jahre Bundeswehr, 2. Bildungsweg, Gesamtschullehrer der Klassen 5 bis 13, Fächer: Biologie und Politik, Geschichte, Erdkunde.

Außerberuflicher Werdegang:
Aufbau und Leitung einer 10 Jahre bestehenden wandervogelähnlichen Jugendgruppe.
10-jähriger Einsatz für Völkerverständigung und die Plansprache Esperanto. Seit 27 Jahren Aufbau und Leitung der Naturerlebnis- und Naturschutz Kinder-, Jugend-, und Erwachsenengruppe „Die Wühlmäuse". 15 Jahre FDP-Mitglied. Seit Ende der 80er-Jahre bei den Grünen, z. Zt. Ortsvorsteher in dem 1.000-Einwohner-Ort Malchen.

Inhalt und Ziel des Buches:
Der Autor zeigt, wie Menschen und die Natur friedlich zusammenleben und sich gegenseitig nützen können. Er erörtert Zusammenhänge im Umgang mit der Natur und der Jugend. Außerdem beschäftigt er sich mit einem natürlichen, gesunden Lebensstil und zeigt einige Möglichkeiten auf, die auf ihre Umsetzung warten.

Ich widme dieses Buch
den Wühlmäusen und weiteren
Naturliebhabern, damit sie vor und
nach meinem Ableben ein wenig durch
meine Gehirnwindungen kriechen
können, sich dabei freuen und vielleicht
auch ein paar Anregungen
herausziehen können.

Bibliografische Information der Deutschen Nationalbibliothek:
Die Deutsche Nationalbibliothek verzeichnet diese Publikation in der Deutschen Nationalbibliografie; detaillierte bibliografische Daten sind im Internet über http://dnb.dnb.de abrufbar.

1. Auflage

Korrektorat: Jürgen Buxmann, Dorian Krüger
Gestaltung: Dorian Krüger, erdacht.es
weitere Mitwirkende: Lukas Jarosch
Umschlaggestaltung: Dorian Krüger, erdacht.es
Umschlagsgrafik: Anastasia Tsaava

Herstellung und Verlag: BoD – Books on Demand, Norderstedt

ISBN: 978-3-7568-5889-7

Vorwort

Das Buch „Leben im Einklang mit der Natur“ besteht aus zwei Teilen. Der erste Teil „Mensch und Natur“ beschäftigt sich mit dem Verhältnis der Menschen zur Natur und mit dem Umgang mit der eigenen Natur. Diesen Teil habe ich 2012 geschrieben und 2021 noch einmal durchgearbeitet und teilweise aktualisiert.

Der zweite Teil „Entwicklungen der Wühlmäuse“ kam 2020/2021 dazu, weil ich während der Coronazeit fast keine Termine hatte und so endlich Zeit fand, weiterzuschreiben. In ihm geht es vor allem um konkrete Projekte, die von mir und den Wühlmäusen entwickelt und teilweise auch durchgeführt wurden. Sie sind ein Beleg dafür, dass man viel, auch Neues, für eine gesunde, artenreiche Natur machen kann, ohne große Labore und Wissenschaftlerteams.

Alle Projekte von mir und den Wühlmäusen haben die Förderung der Artenvielfalt und die Stärkung des Verhältnisses der Menschen zur Natur als Ziele.

Das hat viele Gründe. Gott oder die Natur haben auch für uns sehr viele Arten entstehen lassen. Das geschah nicht, damit wir viel zum Ausrotten haben, sondern damit wir sie erhalten, um ihrer selbst willen und um sie an die uns folgenden Generationen weiterzugeben. Unsere Möglichkeiten werden immer mehr, sowohl zum Ausrotten als auch zum Schützen dieses einzig-

artigen Wunderwerks auf unserem noch wunderschönen Planeten. Einen Ersatzplaneten gibt es nicht und wir die große Verantwortung, ihn zu erhalten.
Je mehr Arten es gibt, desto stabiler ist das biologische Gleichgewicht. Im Frühjahr vermehren sich Blattläuse oft sehr schnell und es sieht so aus, als wären bald alle Blätter einer Pflanze befallen und sie müsste sterben. Dann aber kommen Marienkäfer und ihre gefräßigen Larven, Florfliegen, Ohrwürmer, Spinnen und mehrere Singvogelarten und nach einigen Tagen findet man keine Blattlaus mehr. Das artenreiche biologische Gleichgewicht hat funktioniert.
Die besonderen Anpassungen einzelner Pflanzen bewirken, dass sehr verschiedene Biotope besiedelt werden können: Seen, Wüsten, Moore...
Für den, der sie zu nutzen weiß, bietet die Natur Entspannung, Erlebnis- und Beobachtungsmöglichkeiten: Wälder, Wiesen, Seen, Bäche, Vögel und hoffentlich auch bald wieder viele Schmetterlinge.
Natur bietet Nahrung, sowohl Kultur- als auch Wildpflanzen, die mehr Vitamine und Mineralstoffe haben als die Supermarktware. So hat die Brennnessel mehr Eisen, Magnesium, Phosphor, Calcium, Vitamin C und Eiweiß als alle Kulturgemüsearten. Ich kaufe seit einigen Jahren fast kein Gemüse, weil in meiner artenreichen Umgebung ganzjährig genügend essbare Wildkräuter wachsen.

Nicht jede Blüte kann von jedem Nektarsauger genutzt werden. So haben z. B. Osterluzei und Waldgeißblatt so tiefe Kelche, dass nur Langrüssler wie Schmetterlinge an den Nektar gelangen.
Wenn ich an Stellen komme, an denen ich geholfen habe, die Artenvielfalt zu fördern und sehe, wie es blüht und wächst und wie viele Tiere die Vielfalt nutzen, dann ist das für mich immer eine große Freude und tiefe Befriedigung.
Ich benutze die Gendersprache sehr spärlich, weil ich die Versuche aus einer maskulinen Nationalsprache eine moderne Gleichberechtigungssprache zu machen für ineffektiv und unnötig langatmig halte. In Europäisch, auch Esperanto genannt, ist das besser gelöst. Da gibt es die Vorsilbe „ge", was beiderlei Geschlecht bedeutet. Also statt „Freundinnen und Freunde" „geamikoj" oder statt „Gästinnen und Gäste" „gegastoj". So lange es mehr Nationalisten als Europäer und Weltbürger gibt, hat Europäisch keine Chance. Aber das Angebot dieser voll entwickelten, leicht lernbaren Sprache steht.
Sei ein Freund, dann hast Du Freunde. Das habe ich versucht zu leben und genieße es jetzt im Schoß der Natur und einer großen Freundeschar geborgen zu sein, was mich auch zu weiteren Taten anspornt.

Eckhard Woite

2.2.23

Liebe Lions!

Die Wühlmäuse bedanken sich für Eure großzügigen Unterstützungen.
Wir arbeiten weiter für die Artenvielfalt.
Für die Wühlmäuse

[signature]

Inhalt

Teil 2 Entwicklungen der Wühlmäuse

Teil 1
Leben im Einklang mit der Natur

1. Lebens- und Orientierungshilfen

In der Nachkriegszeit war Wirtschaftswachstum etwas Gutes. Der Nachholbedarf war groß und viele neue Produkte erleichterten das Leben. Abgesehen von den unnötigerweise mehr werdenden Arbeitslosen, Wenigverdienern, Alleinerziehenden und armen Rentnern hat jetzt in Mitteleuropa jeder Haushalt eine große Wohnung mit Waschmaschine, Spülmaschine, Fernseher, PC, Handy, einem Auto vor der Tür und vielen anderen Bequemlichkeiten. Das ist ein Luxus, den man aus der Sicht der Nachkriegszeit nur als paradiesisch bezeichnen kann. Trotzdem sind die Menschen nicht zufriedener als in den 50er-Jahren.

Unsere immer noch allgemein anerkannte Wirtschaftsideologie besagt, dass die Wirtschaft nur funktioniert, wenn sie wächst. Bei Wachstum finden immer mehr Menschen Arbeit und die Neuverschuldung des Staates wird weniger. Das stimmt kurzfristig. Langfristig ist es falsch.

Wir hatten einmal 200.000 Arbeitslose und keine Staatsschulden. Jetzt haben wir, abhängig von der

Zählmethode, drei, vier oder sogar fünf Millionen Arbeitslose, nach offizieller Zählweise der Bundesagentur für Arbeit 2,4 Millionen in 2022 und 27.922 Euro Euro Staatsschulden pro Einwohner (Statisitsches Bundesamt, 2021).

Das gilt auch für Säuglinge, die diese Erblast mit auf den Lebensweg bekommen. Trotzdem gilt auch bei sinkender Einwohnerzahl weiterhin die Ideologie vom – ewigen – Wachstum, bei dem außerdem noch wichtige Rohstoffe unwiederbringlich dahinschwinden und unsere Atmosphäre aufgeheizt wird.

Allgemeines Wirtschaftswachstum gibt es dauerhaft nur bei steigendem Konsum. Den heizt die Werbung an. Sie ist genauso penetrant und wirkungsvoll wie die Propaganda der Nazis. Werbung baut auf vorhandenen Wünschen auf: Anerkennungssuche, Eitelkeit, Unterhaltung, genießen wollen, Fernweh ... Viele behaupten: „Werbung wirkt auf mich nicht." Über so eine naive Behauptung können Werbefachleute nur milde lächeln. Denn Werbung wirkt hauptsächlich über das Unterbewusstsein und bleibt deshalb dem bewussten Denken verborgen. Die gut ausgebildeten Werbefachleute bearbeiten Laien. Sie arbeiten so gut, dass inzwischen jeder zehnte Haushalt zahlungsunfähig ist und viele weitere die ihnen eingetrichterten Wünsche nur mühsam beherrschen können. Äußerlichkeiten wie Kleidung, Frisur, Fingernägel, Schmierchen, Wässer-

chen, wechselnde Wohnungseinrichtungen, ein gepflegtes und teures Auto und noch vieles mehr haben einen hohen Stellenwert und ihre Erhaltung und Erneuerung beansprucht einen großen Zeitaufwand und enorme Geldmengen. Viele Zeitgenossen geben mehr als die Hälfte ihres Einkommens für diese Äußerlichkeiten und Prestigeobjekte aus. Die Kosten für Werbung erhöhen die Preise. So zahlt jeder Bundesbürger 500 Euro jährlich für Werbung. Je abhängiger Menschen vom Konsum sind, umso mehr können Hersteller und Händler aus ihnen herausholen.
Viel Anerkennung bekommen, ist etwas sehr Angenehmes. Jeder hört gern: „Du hast aber ein schönes ..." Aber diese Anerkennung ist oberflächlich. Als Basis für eine tiefe, stabile Beziehung reichen diese Äußerlichkeiten nicht.
Nun noch eine allerdings nur halb ernst gemeinte Einteilung der Menschen in vier Gruppen:
Alle Menschen sind eitel. Deshalb tragen auch alle Schmuck. Erstens die Naturmenschen finden diesen. Zweitens die Kulturmenschen stellen ihn selbst her . Drittens die Konsumer kaufen ihn und dann gibt es noch als Viertes die Superkonsumer. Sie brauchen ihren Schmuck nicht nur wegen seiner Schönheit, sondern auch um zu zeigen, wie reich sie sind. Deshalb tragen sie so genannten „echten Schmuck".
Andere kaufen sich immer wieder mal ein großes teu-

res Auto, um zu zeigen, was sie draufhaben. Aber im Grunde belegen sie damit nur, dass sie viel Geld für etwas nicht Notwendiges ausgeben, anstatt es sinnvoll einzusetzen.

Noch nie gab es in der Menschheitsgeschichte so viele grundlegende Änderungen wie heute. Nicht nur jedes Jahrhundert, sondern jedes Jahrzehnt und noch kürzere Zeitabschnitte bringen neue Herausforderungen, die für viele schwer fassbar sind. Es ist schade, dass sich in einer so spannenden Zeit so viele so intensiv mit Äußerlichkeiten beschäftigen, dass für die Auseinandersetzung mit tiefer liegenden Problemen kaum oder gar keine Zeit bleibt. Aber neben Pflichterfüllung, Beschäftigung mit persönlichen Problemen, Selbstmitleid, Konsum und Spaß sollte in unserer auf Sahne schwimmenden Gesellschaft für jeden etwas Zeit bleiben, um sich mit Gegenwarts- und Zukunftsbewältigung der Allgemeinheit und damit auch der eigenen zu beschäftigen. Es lohnt sich mehr Wissen und Vernunft als gute Handlungsgrundlage anzustreben.

Eine leistungsfähige Wirtschaft ist etwas Gutes. Sie birgt große positive Möglichkeiten. Maschinen übernehmen viele, besonders schwere und eintönige Arbeiten. Genug und abwechslungsreiches Essen und Trinken, warme Kleidung, warme Häuser, Bewegungsanreize, Informationsquellen, wie Bücher und Internet, Unterhaltungs- und Entspannungsmöglich-

keiten sind, dank unserer gut ausgebauten Wirtschaft, im Überfluss vorhanden. Trotzdem fühlen sich die meisten nicht im Paradies. Einige der Gründe dafür sind die Folgenden:
Wir haben eine schlechte Arbeitsverteilung, bestehend aus unnötig langer Arbeitszeit, hoher Arbeitslosigkeit und überlasteten Beschäftigten. Die Werbung verschlingt enorme Geldmengen. Der Schönheitsstandard ist übertrieben. Hohe Konsumwünsche machen Arbeitnehmer erpressbar. Wir haben viele Stinkreiche, die das Zigfache eines armen Malochers verkonsumieren, ohne auch nur einen Ansatz von schlechtem Gewissen zu haben. Von 1992 bis 2006 ist der Durchschnittsverdienst bei den reichsten zehn Prozent unserer Bevölkerung um 31 Prozent gestiegen, während er bei den ärmsten zehn Prozent um 13 Prozent gesunken ist (Der Spiegel, 17.12.2007) und das, obwohl der Unterschied schon vorher riesig war. Politiker haben die Aufgabe, diesem Auseinanderdriften entgegenzuwirken. Die rechten Parteien tun das nicht. Unsere Staatsform ist die Demokratie, aber die meisten Menschen sind keine Demokraten, sondern Untertanen. In etlichen Ländern der Erde haben in den letzten Jahren Unzählige ihr Leben aufs Spiel gesetzt, um wählen zu dürfen. Ungefähr 50 Prozent unserer Wähler gehen gar nicht wählen. Bis zu 30 Prozent wissen am Tag vor der Wahl noch nicht, welcher Partei sie

ihre Stimme geben. Die so genannten Wetterwähler wählen bei Sonnenschein die Regierungsparteien, damit sich nichts ändert und bei Regen Opposition, damit sich viel ändert. Andere lassen sich von der Sympathie und Ausstrahlungskraft von Wahlplakaten beeinflussen. Es gibt viele Politiker, die sich sehr anstrengen und ehrlich das Beste wollen, aber nur wenige, die das merken. Zu wenige kennen die Unterschiede zwischen unseren Parteien. Unpolitisch sein ist heute ein positiver Begriff. Der Grundsatz: „Ich hab's gut. Ich bin doof und unpolitisch und deshalb immer unschuldig", beschreibt leider die Einstellung zu vieler Menschen in unserem Land. Wir werden regiert von einem Zusammenspiel unserer Reichsten, den von ihnen gesponserten Parteien und den von beiden beeinflussten lieben, unpolitischen Wählern.
Hier leben viele Untertanen und nur wenige Demokraten. Nur wenige, die wissen, was für die meisten Menschen und die Natur gut ist und noch weniger, die bereit sind, an Veränderungen aktiv teilzunehmen, deshalb lassen Verbesserungen oft lange auf sich warten und es gibt immer wieder Rückschläge.
Die am stärksten verbreitete Religion unseres Landes ist das Christentum. Als Orientierungshilfe hat sie für viele Menschen auch weiterhin einen hohen Stellenwert. Der Einfluss von Werbung und Konsum ist jedoch unvergleichlich höher. Das dürfte daran liegen,

dass das Christentum hauptsächlich für Bauern und Hirten geschaffen wurde und auf dem Wissen der damaligen Zeit fußt. Viele aktuelle Problembereiche werden in der Bibel, dem Koran und anderen heiligen Schriften nicht oder nur unzureichend behandelt: Positive und negative Möglichkeiten der Technik wie Computer, TV, Fortbewegungsmittel und elektrisches Licht, die Klimaveränderung, Umwelt- und Naturschutz, demografischer Wandel, Vereinsamung, neue Formen des Zusammenlebens, Demokratie, ...
Früher mussten Religionen Vieles erklären: Wie entstehen Blitze? Warum fehlt manchmal vom Mond und der Sonne ein Stück? Wie entstanden der Artenreichtum und die Menschen? Diese Fragen sind heute geklärt, was die Rolle der Religionen schmälert. Aber warum gehen mehr Moslems als Christen, mehr Katholiken als Protestanten in ihre heiligen Häuser? Warum breitet sich der Islam aus? Ein Islam-Kenner sagte mir, dass diese Religion eine weitgehende Ordnung bringe. Das sei der Grund für ihre Attraktivität. Bei uns werden Weihnachten und Ostern gefeiert. Aber nicht als Christi Geburt und Auferstehung, sondern als Konsum- und Schenkefeste geben sie dem Jahr Struktur und haben deshalb eine gewisse Wichtigkeit. Nach meinen Erkenntnissen gab es in der Menschheitsgeschichte kein Volk ohne Religion. Es liegt wohl in der Natur des Menschen, dass er eine Ori-

entierungshilfe braucht. Dass es heute mindestens in Mitteleuropa keine wirksame gibt, macht es der Werbung leicht, in diese Lücke zu springen. In früheren Zeiten waren die Orientierungshilfen der Kampf ums Überleben und eine der vielen Religionen. Heute sind das mehr das Konsumdenken, bei manchen auch Sternzeichen und anderer Aberglaube.

Wenn man die Orientierungshilfe Konsum ablehnt, dann sollte man wenigstens eine Alternative bereithalten. In meinem Leben sind mir unter den Naturverbundenen viele begegnet, die sich vom allgemeinen Konsumverhalten nicht oder nur wenig mitreißen lassen. Das hat viele Gründe. Die Natur ist frei von Konsumanreizen wie Werbung und Schaufenster. Wer sich viel in der Natur bewegt, passt seine Kleidung nicht der Eitelkeit und dem Gerede von Menschen an, sondern Wetter, Gelände, Pflanzenwuchs und anderen Naturgegebenheiten. Die in der Natur Aktiven beschäftigen sich mit Artenvielfalt, Naturschutz, Umweltschutz, Klimaänderung, Artenkenntnis, Haustierhaltung, Exkursionen und Arbeitseinsätzen. Also mit Themen, die nichts oder nur sehr wenig mit Konsum zu tun haben. Viele Naturschützer sind mehr oder weniger religiös. Die meisten bauen ihr Denken aber hauptsächlich auf dem auf, was sie sehen und erleben. Eine Orientierungshilfe sollte weniger auf Glauben, sondern so weit wie möglich auf Erkenntnis und Wissen aufgebaut sein. Ob ein Einzelner, eine Gruppe oder etwas ganz anderes das Schöpfungsprogramm „Evolution“ erdacht hat, weiß niemand. Wahrscheinlich sind die Menschen nicht intelligent genug, um das jemals zu ergründen. Fest steht aber, dass hier etwas Gewaltiges, Wundervolles geschaffen wurde. Viele Künstler haben versucht, Natur auf verschiedene und oft sehr eindrucksvolle Weise darzustellen. Aber das Original bleibt schöner, bietet mehr Entdeckungsmöglichkeiten und Erlebnisse und ist viel facettenreicher als jedes Kunstwerk, das, so schön es auch sein mag, über einen Abklatsch des Originals nicht hinauskommt. Kunst kann aber immerhin auf die Schönheit der Natur hinweisen und vielleicht regt sie auch dazu an, sich das Original genauer anzusehen und es zu erleben.

Es sollte vielmehr getan werden, um dieses mit riesigem Abstand größte Kunstwerk aller Zeiten zu erhalten und ihm noch bessere Entfaltungsmöglichkeiten zu geben. Auch sollten die Wissenden noch mehr zeigen, wie schön die Natur ist, noch mehr versuchen, vielen Mitmenschen Naturerlebnisse zu ermöglichen. Sich vom Fernseher unterhalten lassen, kann jeder. Natur erleben und genießen, muss aber gelernt werden. Was man nicht kennt, sieht man nicht. Eine Menge Naturerlebnisse sind ohne Anleitung kaum machbar.

Leider kann man viele Menschen nicht begeistern. Gegen die Werbepropaganda anzustinken, ist oft wie der Kampf einer Ameise gegen einen Elefanten. Aber die Ameise wächst und der Elefant wird lahmer. Immer mehr Menschen verstehen, dass ein Kampf gegen die Natur ein Kampf gegen sich selbst ist. Viele wollen naturnäher leben, wissen aber nicht, wie das geht. Deshalb sollten die mit der Natur vertrauten Menschen noch mehr bereit sein, ihr Wissen und ihre Erfahrungen von anderen anzapfen zu lassen.

1.1 Konsum oder Freiheit

Freiheit wird von vielen als ein rein positiver Begriff gesehen. Das halte ich für falsch. Je intensiver der Kontakt zu einem Menschen ist, umso mehr schränkt dieser die eigene Freiheit ein. Man muss ja immer auch Rücksicht nehmen auf die Wünsche, Empfindlichkeiten, Bedürfnisse und Verpflichtungen des anderen. Der freieste Mensch ist deshalb der, der ganz allein lebt. Der wird von keinerlei menschlichen Beschränkungen gequält. Glücklich sind solche zwar freien, aber vereinsamten Menschen nicht. Sie leiden unter ihrer zu großen Freiheit.

Menschen, die keinen Tagesrhythmus haben, also mal um 22 Uhr und mal um 4 Uhr morgens schlafen gehen, irgendwann irgendwas essen, sich also von allen Zeitzwängen befreit haben, leiden meist unter Schlafstörungen, sind nicht leistungsfähig und auch nicht zufrieden.

Es gibt jedoch vieles, was die persönliche Freiheit einschränkt, ohne dass sich dadurch die Lebensqualität irgendwie erhöht. Da sind die Drogen: Zigaretten, Alkohol, Kaffee, Hasch, Medikamente die viele regelmäßig nehmen müssen, z. B. um wach zu werden oder sogar nur, um den Suchtdrang zu befriedigen. Dazu gehört aber auch die Notwendigkeit täglichen Duschens, wohlschmeckenden Essens, der Wunsch, sich häufig bedienen zu lassen und ganz generell der Stolz auf einen „hohen Lebensstandard", womit meist die Abhängigkeit von viel Konsum gemeint ist. Frei sein von vielen Konsumabhängigkeiten erhöht das persönliche Freiheitsgefühl, beseitigt so manchen Zeitdruck und steigert die Möglichkeit, Natur zu erleben und zu genießen.

Das Ziel, immer ganz toll zu wirken und das Herbeiführen wollen der größten Annehmlichkeiten, macht manches unnötig kompliziert. Das Anstreben eines einfachen Lebensstils ist da besser. Wenn ich eingeladen werde und ein wunderbar gedeckter Tisch mit einem herrlichen Menü warten auf mich und die gestressten Gastgeber explodieren fast, weil das letzte I-Pünktchen fehlt, dann fühle ich mich da nicht so

wohl wie bei Pellkartoffeln, die mir von ausgeglichenen, fröhlichen Menschen vorgesetzt werden.
Ein alter Kühlschrank mit Gefrierfach verbraucht pro Jahr 330 Kilowattstunden Strom, 122 Euro Stromkosten und emittiert 190 Kilogramm CO2 (37,14 Cent pro kWh im April 2022 bei 3.500 kWh pro Jahr laut Finanztip). Das entspricht einer Autofahrt von Berlin nach Paris. Die besten neuen A+++-Kühl-Gefrier-Kombinationen verbrauchen etwas weniger als die Hälfte. Ab September habe ich meinen Kühlschrank über die Winterzeit abgeschaltet. Auf der Terrasse neben der Küche steht mein alternativer, neuer Kühlschrank - eine Holzkiste. Was etwas länger halten soll, befindet sich im kalten Keller. Außerdem habe ich noch einen Erdkühlschrank. Das ist ein dolles Ding. Er besteht aus einer eingegrabenen Waschmaschinentrommel und einem Holzdeckel. Im Erdkühlschrank herrschen sehr gleichmäßige Erdtemperatur und -feuchte. Gemüse hält sich hier sehr gut. Aber das Beste sind Esskastanien. Sie sind sehr schwer zu lagern. Wenn man sie zu feucht lagert, schimmeln sie. Lagert man sie zu trocken, dann werden sie schwarz und knochenhart. Ich hatte auch schon welche, die waren schwarz, hart und schimmelig. Reif werden sie im Oktober. Mitte Dezember sind die meisten schon schlecht. Im Erdkühlschrank halten sie bis April, dann fangen sie an zu keimen.

Das Einzige, was ich bis jetzt vermisse, ist ein bisschen Eis als Nachtisch. Ich denke, dass ich deshalb im Sommer für ein paar Schlemmertage den Kühlschrank einschalten werde. Der Sommer ist überhaupt die einzige Zeit, in der ein Kühlschrank echt nützlich ist, weil man sonst zu oft einkaufen muss.

Meist benutze ich auch keine Dusche. Wenn man warm anfängt und es dann immer kälter wird, lässt sich so manches ertragen. Ich habe im Garten eine von Regenwasser gespeiste Badewanne, in der ich mich täglich vergnüge. Das dauert in der kalten Jahreszeit meist zwei bis fünf Sekunden. Als einmal das Eis der Wanne erst beim Drauflegen brach, bin ich dann doch mehrere Tage duschen gegangen. Meist habe ich kalt geduscht, habe aber festgestellt, dass warm duschen zwar nicht nötig, aber doch ganz angenehm ist. Wenn ich mehrere Tage unterwegs bin, ist waschen in einem Fluss oder Bergbach kein Problem, denn ich bin ja kaltes Wasser gewöhnt.

Für meine drei dünnen Haare brauche ich weder Shampoo noch warmes Wasser. Das erfrischende Kühl der Wanne reicht und belebt.

Weil manche Gäste es unbedingt wollen, steht bei mir Geschirrspülmittel in der Küche. Ich benutze es nicht. Mir ist ein dünner Fettfilm lieber als ein Film Spülmittel auf dem Geschirr.

Allgemein gilt der Grundsatz „je sauberer umso besser". Ich halte das für falsch. Bekannt ist, dass Menschen, die viel Erdkontakt haben, weniger unter Allergien leiden als steril lebende Menschen. Der Körper muss immer wieder mit Erde und anderen körperfremden Stoffen konfrontiert werden, damit er den Unterschied zwischen körpereigenen und körperfremden Stoffen erkennt. Vor Jahren war ich regelmäßig in einer öffentlichen Sauna. Da war ein Pärchen, das sich vor dem ersten und nach jedem Saunagang gründlich mit Reinigungsmittel duschte und nach dem letzten Gang noch einmal den ganzen Körper einschäumte. So wurden alle Krankheitsabwehrstoffe aus der Haut gewaschen. Beide waren deutlich jünger als ich und beide leben nicht mehr. So bin ich lieber ein gesunder Schlamper als ein kranker Steriler, der bei allen Putzteufeln hohe Anerkennung genießt.

Im Frühling, Sommer, Herbst und manchmal auch im Winter schlafe ich auf meiner Terrasse. Sie hat ein Dach, aber keine Wände. So spüre ich die Luftbewegung und werde bei normalem Regen nicht nass. Bei Gewitter oder Starkregen mit Wind treffen mich die großen Tropfen nicht, aber feine Sprühtröpfchen erfrischen meine Wangen. Das genieße ich meist einige Zeit. Weil ich aber schlafen will, drehe ich mich dann um, ziehe den Schlafsack ein wenig hoch, lausche noch ein Weilchen den fallenden Tropfen und dem Wind, bis ich wieder eingeschlafen bin. Morgens ist der

Schlafsack außen ein wenig feucht. Bis zu mir ist das Wasser aber noch nie durchgedrungen.
Wichtig ist mir auch, dass ich unabhängig von einem warmen Bettchen bleibe. Es ist so etwas Schönes, wenn ich im Wald oder auf einer Wiese liege, möglichst ohne Zelt, das Sternenmeer sehe und die nächtlichen Naturgeräusche höre. Es klingt verschieden, wenn der Wind Blätter oder Nadeln bewegt, da raschelt ein Käfer oder eine Maus, dann höre ich in der Ferne eine Eule, ein Reh oder einen Fuchs und schlafe wieder ein. Morgens bei Vogelgesang wache ich auf, kurzes Frühstück und los zur Frühpirsch. Vögel hören und sehen, Bäume, Blumen, ein Eichhörnchen, auch mal Wildschweine oder Hirsche. Dieses Eintauchen in die Natur gibt mir Ruhe, Freude, Ausgeglichenheit und Kraft, um weiter aktiv zu sein für eine gesunde, artenreiche Natur. Das geht allein, zu zweit und mit jungen oder älteren Freunden. Ich habe dünnere und dickere Schlafsäcke, von denen ich einen, zwei, selten drei übereinander benutze. So kann ich mich auf die jeweilige Temperatur einstellen.
Dass so ein sich von Hotels und Pensionen unabhängig machen, auch noch Geld spart, wird das von Corona gebeutelte Hotelgewerbe nicht gern hören. Ich halte es aber trotzdem für einen positiven Nebenvorteil.
Wenn ich draußen schlafe, möchte ich morgens etwas Warmes trinken. Nach einer Übernachtung habe ich

das in einer Thermoskanne. Nach zwei Nächten ist da aber nichts mehr warm und etwas Kaltes mag mein Magen nicht. Inzwischen habe ich aber festgestellt, dass ich alle fünf oder zehn Minuten einen Schluck kaltes Getränk vertrage, ohne dass mein Magen rebelliert. Noch besser ist, das kalte Getränk so lange im Mund zu lassen bis es warm ist und erst dann herunterschlucken. Mit diesen Feststellungen hatte ich wieder eine Freiheit dazu gewonnen. Ich bin jetzt über 80 Jahre alt und hoffe, dass ich mit Hilfe meiner vielen Freiheiten noch lange draußen schlafen kann.
Wer im Leben echte Härten erlebt hat, findet meine Übungen niedlich, womit er recht hat. Aber sie helfen gegen zu große Verweichlichung und lassen mich manche Situation genießen, bei der andere leiden, wie z. B. lebendige Kinder, Regen oder Gewitter, wenn ich nicht wirklich nass werde.
Wenn ich erzähle, auf welchen Komfort ich manchmal verzichte, kommt oft die Antwort: „Das tue ich mir nicht an." So haben viele einen Lebensstil wie „lauwarmer Zwiebackbrei". Also nicht zu heiß, nicht zu kalt, nicht zu hart, nicht zu süß, nicht zu sauer, nicht zu, nicht zu, nicht zu... So einen Lebensstil finde ich sehr langweilig. Außerdem ist es ja doch wohl so, dass Menschen, die allen Schwierigkeiten aus dem Weg gehen, immer mehr körperlich und psychisch verweichlichen und immer weniger belastbar werden. Wenn dann ein

harter Schlag kommt, wie eine Krebsdiagnose, eine Trennung oder der Tod eines nahen Menschen und das Ausweichen nach dem bewährten Prinzip „Das tue ich mir nicht an“ funktioniert nicht, dann werden manche handlungsunfähig und leiden fürchterlich.

Diese empfindlichen Menschen leiden auch schon unter gewöhnlichen Alltagsbelastungen, wie unerwünschtem Wetter, normallauten Kindergeräuschen. Ja, man kann seiner Phantasie freien Lauf lassen, unter ganz vielem Alltäglichen leidet so mancher.

Viele Menschen werden als sensibel bezeichnet, was allgemein als positiv gilt. Aber Sensibilität hat zwei Seiten. Die eine ist, das Bemerken, was andere stört, was Mitmenschen wünschen, was sie verletzt und was sie erfreut. Das ist positiv. Die andere Seite ist die, dass jemanden alles Mögliche stört. Diese Empfindlichkeit finde ich negativ, weil die Betroffenen völlig unnötig leiden. Da geht es einem Holzklotz wie mir mit seinen niedlichen kleinen Härteübungen wesentlich besser. Wer oft mit kleinen und mittleren Schwierigkeiten kämpft, der leidet seltener und genießt mehr.

Am 20. Mai 2020 las ich im Darmstädter Echo, dass die Zahl derer, die an Depressionen und anderen psychischen Problemen leiden, seit Jahren zunimmt. Ich denke, dass das daran liegt, dass immer mehr Menschen ein Leben führen, welches weit weg ist von dem, worauf sie von ihren Erbanlagen her vorbereitet sind.

Mein Lebensstil liegt dichter an dem der Jäger und Sammler. Ich bin ja auch nur halbdomestiziert und fühle mich sehr wohl dabei.
Anerkennung bekommen ist etwas sehr Angenehmes. Wenn man sie für schöne Kleidung, tolles Auto und anderes Gekauftes bekommt, dann ist das eine äußerliche, hohle und teure Anerkennung ohne Substanz, die von Geld abhängig macht. Auf so eine Anerkennung aufgebaute Beziehungen halten Belastungen meist nicht stand. Anders ist das bei Anerkennung, die gewachsen ist durch gegenseitiges Helfen, gemeinsame Interessen, zusammenarbeiten, erleben und Schwierigkeiten überstehen. Wenn man gemeinsam vieles durchgestanden hat, weiß man, auf wen man sich verlassen kann. Das schweißt zusammen. So können lebenslange Freundschaften wachsen.
Früher wurde das Lebensziel bestimmt vom Überlebenskampf, der Familie und den Ratschlägen, die von der Kirche kamen. Eltern von abhängigen Kindern haben noch ein Lebensziel. Alle anderen müssen sich ein Ziel suchen. Das ist einerseits eine große Freiheit, die es früher nicht gab, andererseits aber eine Verpflichtung, der viele Menschen nicht gewachsen sind. Es gibt in unserer Staatsform, der Demokratie, sehr viele Möglichkeiten, sich an der Gegenwarts- und Zukunftsverbesserung seiner näheren und ferneren Umgebung zu beteiligen. Da kann man sich ein Engage-

ment suchen, das man für wichtig hält und in das man seine Fähigkeiten einbringen kann. Zum Beispiel sich für die Artenvielfalt einsetzen, ist sinnvoll für die Natur, die Menschen und die Zukunft unseres Planeten. Für den wir keine Alternative haben. Wenn man dann auch noch Erfolge sieht und Anerkennung bekommt, kann man von einem ausgefüllten Leben sprechen.

1.2 Angst

Die Funktion der Angst ist, dass sie uns zur Vorsicht mahnt und so vor Gefahren schützen soll. Wir leben aber in einer Zeit übertriebener Vorsicht. Viele leben in ständiger Angst. Das hat viele Ursachen:

- Je älter ein Mensch wird, umso vorsichtiger wird er. Der demografische Wandel bewirkt, dass der Prozentsatz älterer Menschen ständig steigt.
- Negative Nachrichten sind spannender als positive. Weil alle Presseorgane mehr Konsumenten haben wollen, wird mehr über Negatives als über Positives berichtet. Dadurch entsteht bei vielen der Eindruck, dass die Welt immer schlechter wird, dass es zwecklos ist, sich zu engagieren und dass man sich schützen muss, vor den steigenden Gefahren.

- Krimis sind spannender als Heimatfilme. Krimis lassen aber kein positives Weltbild entstehen.
- Stress, Dauerbelastung, Schlafmangel und viele Entscheidungen führen zu Überlastung und Verkrampfung. Ein frischer, gut ausgeschlafener Mensch ist unternehmungslustiger, angstfreier, mutiger und zufriedener.
- Elektrisches Licht, Fernsehen und andere Unterhalter führen dazu, dass viele zu spät ins Bett gehen und dann am nächsten Tag unausgeschlafen sind. Verpennte sind reizbarer, träger und ängstlicher als ausgeschlafene Menschen.
- Es gab noch nie so viele Depressive und psychisch Kranke wie jetzt. Sie sind ein Resultat unserer Angstgesellschaft und eines unnatürlich orientierungslosen Lebensstils. Sie geben ihre Ängste weiter.
- Ein erfolgreicher Versicherungsvertreter beschreibt unsere Welt als so gefährlich, dass viele unsinnige Versicherungsverträge, z. B. Hausratsversicherung, abschließen. Einen Gegenpol zu diesen Sicherheitsfachleuten gibt es nicht.
- Bei unserer Gesetzgebung wirken die Versicherungen mit. Ihr Ziel ist, möglichst viel Unsicherheitsfaktoren einbauen, damit viel versichert werden muss.
- Wer eine Gefahr verharmlost, kann gerichtlich be-

langt werden, wenn etwas passiert. Wer eine Gefahr weit überzogen darstellt, kann nicht belangt werden. Deshalb wird bei vielen Scheingefahren weit von der Wahrheit abgewichen. Ein krasses Beispiel ist der Fuchsbandwurm, der nur in ganz wenigen Gebieten Deutschlands eine geringe Gefahr darstellt und da nicht die Beerenesser, sondern nur die Halter Mäuse fressender Katzen und Hunde befällt.

- Durch einen ungesunden Lebenswandel werden Menschen schwächer und kränker. TV, PC und Handys lassen die Zahl der Stubenhocker steigen. Im realen Leben sind sie oft ungeübt und ängstlich.
- Wenn Kinder krabbeln und laufen lernen, müssen sie vor vielen Gefahren geschützt werden. Dieses Verhalten praktizieren viele Eltern und Erzieher über viele weitere Jahre und geben so ihre Ängste weiter. Kinder wollen und sollen vieles ausprobieren. Das fördert ihre Kreativität, Geschicklichkeit, körperliche und geistige Fähigkeiten, sowie ihr Selbstbewusstsein und ihren Lebensmut.

Möglichst früh sollen sie - und nur anfangs unter Aufsicht - mit Messern, Scheren und Beilen hantieren, auf Bäume klettern, ... So werden sie geschickter und wenn sie Gefahren selbst einschätzen können, dann ist das wertvoller als jede Aufsicht. Auch die beste Helikoptermutter ist nicht immer dabei, sondern nur sie

selbst sind immer dabei, wenn ihnen Gefahr droht. In Watte gepackt aufwachsende Kinder können Gefahren nicht beurteilen. So kommt es, dass viele Kinder lieber vor TV, PC und Handy sitzen als nach draußen in die „gefährliche Welt" zu gehen. Andere haben später „zwei linke Hände" oder kommen zu Drogen, Komasaufen und gefährlichen Autorennen.
Folge der oben beschriebenen Angstbeeinflussung ist, dass sich viele vor Scheingefahren fürchten, wie einem dunklen Wald, Füchsen, Wildschweinen, Spinnen, Mäusen, Regen, abgelaufenen Mindesthaltbarkeitsdaten und Menschen, die irgendwie anders sind. Etliche haben Angst, Kinder in „dieser unsicheren Welt" zu bekommen. Obwohl es in Mitteleuropa noch nie eine so sichere Zeit gab wie die jetzige. Viele leiden unter ihren Ängsten und werden depressiv oder immer pessimistischer.
Eltern und andere Erwachsene geben ihre Ängste an Kinder weiter, indem sie ständig vor Gefahren warnen, auch vor solchen, die gar keine sind. „Ih" sagen bei jeder Spinne oder Maus. „Lauf nicht so schnell, du kannst hinfallen." „Iss nichts, was auf den Boden gefallen ist." So lernen die Kinder die Welt als etwas Gefährliches kennen und bleiben lieber zu Hause, wo sie sich die Zeit vertreiben mit TV, PC und Handys. Dazu fehlen oft noch Anregungen wie sich mit einer Decke zum Picknick auf eine gemähte Wiese zu setzen und

Kinder spielen zu lassen, spazieren gehen und wandern mit Einlagen, wie etwas sammeln oder eine steile Böschung erklimmen, damit die Süßen die Natur anfassen können. So leiden die Kinder an Bewegungsmangel und werden ängstlich. Offen ist die Frage, wie viel später auch noch psychische Probleme bekommen werden.
Aus Angst leben viele nur halb. Sie riskieren nichts, entwickeln keine Initiativen und erleben kaum etwas. Sie sind Zuschauer, die das Leben von außen sehen, aber nicht daran teilhaben. So ähnlich wie verhüllte Musliminnen, die außerhalb ihrer vier Wände Leben sehen, aber nicht aktiv mitmachen können. Im Oktober 2022 protestieren im Iran viele Frauen gegen Schleier und Unterdrückung, obwohl sie Prügel und harte Gefängnisstrafen riskieren. Sie möchten am Leben teilnehmen, ihre Umwelt mitgestalten. Sie wagen viel, um das zu haben, was bei uns jeder hat, was aber von sehr vielen nicht genutzt wird. Diese ängstlichen, passiven Menschen werden körperlich und geistig immer träger. Sie vergreisen allmählich und manche dieser Greise sind deutlich unter zehn Jahre alt. Die meisten werden wohl auch später nicht mehr jung werden. Die Real Life Guys, über die später mehr Infos kommen, haben den Wahlspruch „Do something" (tue etwas), werde aktiv, steh nicht neben dem Leben. Mit Eigeninitiative aktiv sein, ist so spannend, so erfül-

lend, macht fit für die Bewältigung kommender Schwierigkeiten und gibt einem die Chance, Schönes zu erkennen, zu erleben und zu genießen.

Die Familien sind kleiner geworden und können deshalb nicht mehr so viel Gemeinschaft bieten, wie das früher war. Deshalb müssen Vereine, Verbände, Kirchen und sonstige Gruppierungen diese Aufgabe übernehmen. Fast alle leiden darunter, dass es zu viele gibt, die Angst haben, Verantwortung zu übernehmen.

In vielen europäischen Ländern lächeln die Menschen über „The German Angst". Wenn hier jemand das folgende Totschlagargument benutzt: „Das dient der Sicherheit." Dann hört jedes Denken auf. So werden viele Waldwege gesperrt und gesunde alte Bäume an Wegrändern gefällt. Nur weil da jemand einen toten Ast gesehen hat, der irgendwann einmal herabfallen könnte und jemandem, der bei Sturm in den Wald geht auf den Kopf fallen könnte. So wurde im Naturschutz-

Vogelbeere

gebiet Biedensand bei Lampertheim eine rund 300 Jahre alte Eiche gefällt, die neben einem Trampelpfad stand. Ich fände es besser, den Pfad zu verlegen und an die Eigenverantwortung von Menschen zu appellieren. Wer bei starkem Wind oder Sturm in den Wald geht, tut das auf eigenes Risiko.

Eine Folge des übertriebenen Sicherheitsdenkens ist, dass Kinder mit dem Auto zur Schule gefahren werden, nicht mehr auf der Straße, geschweige denn im Wald, spielen. ... Man sollte sich von so einem Totschlagargument nicht zu sehr beeinflussen lassen und daran denken, dass es auch noch anderes Wichtiges gibt, wie etwa die Gesundheit und Freude an Bewegung.

Alternative zum von der Angstgesellschaft geprägten und geplagten Menschen ist der fröhliche, körperlich und geistig gesunde, unternehmungslustige Mensch, der auch bereit ist, Verantwortung zu übernehmen und Lebensfreunde weiterzugeben, der auch den Mut hat, mal einen Fehler zu machen, der Menschen hilft, Gutes organisiert und dabei die Freude der Teilnehmer miterlebt.

2. Lebensstil

Seit Jahrzehnten wird unser Gesundheitssystem reformiert. Auf eine schlechte Lösung folgt die nächste. Das wird auch so bleiben. Denn so lange so ungesund gelebt wird wie jetzt, so lange wird die Krankheitsbekämpfung immer teurer. Undurchsichtig bleibt für viele Ursache und Wirkung. Weil es bei ungesundem Lebensstil oft Jahre oder Jahrzehnte dauert, bis Folgekrankheiten wie Krebs oder Kreislaufprobleme, auftreten.

Auch der Mensch ist Natur. Bei ihm findet man weder Schrauben noch Kabel oder Kondensatoren. Er ist aus Zellen aufgebaut, so wie Regenwurm und Brennnessel.

Bis vor etwa 7.000 Jahren lebten die Menschen in Mitteleuropa nomadisch vom Sammeln dessen, was es so in der Natur gab. Dazu wurde noch ein bisschen gefischt und gejagt. Danach bis Anfang des 19. Jahrhunderts waren die meisten Menschen Bauern. In den Dörfern hatten sie mehr Kinder als in den Städten. Erbanlagenmäßig blieben also die Dörfer dominierend. So sind wir bis heute von den Erbanlagen her weitgehend Jäger und Sammler geblieben. Menschen sind ziemlich anpassungsfähig, was sich auch daraus erklärt, dass sie schon in vorgeschichtlicher Zeit in sehr verschiedenen Klimazonen und Landschaften lebten. Aber die Anpassungsfähigkeit ist nicht unbe-

grenzt.
Es treffen sich ein Reh und ein Maulwurf. Das Reh schwärmt vom Leben auf einer sonnigen Wiese. Man hüpft hin und her, nascht hier ein Hälmchen und da ein Blütchen. Alles schmeckt wunderbar. Der Maulwurf macht es dem Reh nach. Er hüpft über die Wiese und nascht hier ein Hälmchen und da ein Blütchen. Er findet es schrecklich. Dieses grelle Licht und die Blätter und Blüten schmecken verheerend. Er spricht: „Komm mit in meine Höhle. Da ist es gemütlich und immer wieder findest du leckere Würmchen." Da ist es viel schöner als auf der blöden Wiese." Das Reh findet nach langem Suchen eine passende Höhle, geht hinein und versucht die „leckeren Würmchen". Es findet alles grauenvoll. Diese stickige Luft, alles dunkel und die ekeligen Würmer. Das Reh beschließt: „Da hinein gehe ich nie wieder."
Beide haben eine Lebensweise probiert, die ihrem Körperbau und ihren Erbanlagen nicht entspricht. Das konnte nicht gut gehen.
Aber welcher Lebensstil ist für Menschen der Beste? Heute als Jäger und Sammler zu leben, ist nicht möglich und auch nicht notwendig. Wenn man sich aber zu weit von diesem Lebensstil entfernt, dann ist das von unseren Erbanlagen her, schwer oder gar nicht zu verkraften.
Früher hielten Zoologische Gärten ihre Löwen und

Tiger in wohnzimmergroßen Käfigen. Die einzige Abwechslung waren die vorüberziehenden Besucher. Nachwuchs gab es selten und alt wurden die Tiere auch nicht, denn das war keine artgerechte Tierhaltung. Heute leben viele Menschen in wenigen ähnlich kleinen Räumen. Statt der sie betrachtenden Besucher haben sie Computer und Fernseher. Aber artgerecht ist das auch nicht. Kein Wunder, dass immer mehr depressiv oder aggressiv werden.

„Die Zahl der diagnostizierten Aufmerksamkeits- und Hyperaktivitätsstörungen (ADHS) stieg von 2006 bis 2011 bei den unter Neunzehnjährigen um 42 Prozent. Rund 620.000 Kinder und Jugendliche hatten 2011 laut ärztlicher Diagnose das sogenannte Zappelphilipp-Syndrom, [...]" (Darmstädter Echo, 30.01.2013). Die meisten werden mit Ritalin oder anderen Psychopharmaka ruhiggestellt. Gesunde, bewegungsaktive Kinder und Jugendliche werden dazu gebracht, einen so artfremden Lebenswandel zu führen, dass sie sich nicht mehr konzentrieren können. Sie bekommen „Schuldoping". Eine Änderung des Lebensstils wäre besser. Vor allem müssten sich die Kids oft austoben. Das würde ihrem Alter, ihren Erbanlagen und ihrem Körperbau entsprechen. Der folgende Abschnitt soll genauer erklären, was „artgerechte Menschenhaltung", bzw. artgerechte Lebensführung ist.

2.1 Die 5 Säulen der Gesundheit

2.1.1 Freundeskreis

Die alten Sammlergruppen zählten 20 bis 50 Köpfe, die sich sehr gut kannten. Meistens herrschte ein großes, lebenslanges Vertrauensverhältnis zwischen allen Gruppenmitgliedern. Darüber hinaus gab es noch verschieden tiefe Beziehungen zu Mitgliedern von Nachbargruppen. Heute leben viele ohne eine vergleichbare Einbindung. Einsamkeit ist oft die Grundlage psychischer Erkrankungen. Amokläufer sind oft „Graue Mäuse", die wenigstens einmal im Leben beachtet werden wollen. Jeder braucht Vertrauenspersonen, bei denen er sich aussprechen kann und die einem Anerkennung geben. Das erzeugt Geborgenheit und Sicherheit, das Fundament für angstfreies Leben und Handeln. Außerdem braucht man Freunde, die einem Anregungen geben und auch einmal etwas Negatives sagen. Das bremst die Einseitigkeit, zu der jeder mehr oder weniger neigt. In einem gewachsenen, alten Freundeskreis, der einige Bewährungsproben bestanden hat, zählen Äußerlichkeiten nicht viel. Da zählen Werte wie Hilfsbereitschaft, Anerkennung geben, Durchhaltevermögen und Ehrlichkeit. Die Wichtigkeit eines großen, stabilen, vertrauten Freundeskreises wird heute häufig unterschätzt. Überbewertet wird dagegen die Beziehung zu einer einzigen Person. Zumal diese eine Person dann oft zu viele Funktionen erfüllen soll, womit sie überfordert ist, was viele Ehen und ähnliche Verbindungen zum Scheitern bringt. Aber auch ein noch so guter Freundeskreis schließt natürlich eine Zweierbeziehung nicht aus, zumal sie die Möglichkeit zu intensiver körperlichen Nähe bietet, wie das ein Freundeskreis nicht kann.

2.1.2 Bewegung

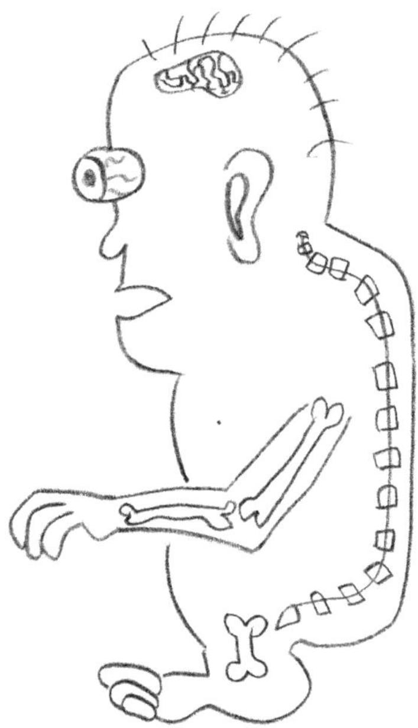

Der abgebildete Bildschirmmensch ist an das Leben vieler heutiger Menschen angepasst. Die meisten Menschen sehen aber anders aus. Die Beine, einschließlich Po, wiegen fast so viel, wie der gesamte übrige Körper. Sie sind sicher nicht dafür gedacht, um auf einem Sofa abgelegt zu werden. Die alten Jäger und Sammler haben fast jeden Tag im Gelände große Strecken zurückgelegt. Heute bewegen sich viele gesunde Menschen tagelang und auch noch länger fast nicht. Als Mindestbewegungsmenge sind wohl 20 Minuten pro Tag bei Herzschlag 180 minus Lebensjahre allgemein anerkannt und das mindestens an fünf Tagen in der Woche. Bewegung soll Spaß machen. Sonst schafft das kaum einer über einen längeren Zeitraum. Gut sind spazieren und Rad fahren auf Strecken, die man sowieso bewältigen muss oder in einer schönen Umgebung, wenn einem die zur Verfügung steht. Wenn man es etwas gemütlicher angeht und sich dafür länger bewegt, ist das auch gut. Wichtig ist vor allem, dass es Spaß macht, damit man es möglichst immer macht. Dann ist es auch keine Quälerei, sondern eine normale Freude und Entspannung bringende Beschäftigung.

Die Bewegung ist nicht nur für Kreislauf, Muskeln und andere Organe gut, sondern auch fürs Denkvermögen und die Psyche. Besonders nach starkem Stress bringt Bewegung Ausgleich und innere Ruhe.

Für viele ist Bewegung, mit dem Auto spazieren zu fahren. Das mag für Alte und Gebrechliche die einzige Möglichkeit sein, die vielen Bilder einer vorbeiziehenden Landschaft zu genießen oder an ein bestimmtes Ziel zu gelangen. Wenn das junge, gesunde Menschen über einen längeren Zeitraum tun, dann machen sie sich selbst alt. Denn nach einiger Zeit wird Gehen und Rad fahren ungewohnt, beschwerlich und letztlich zu einer Quälerei, die alles andere als Spaß macht. Da wird ein Zurück immer schwerer. Das Gleiche gilt für Motorrad und Motorboot fahren. Die Geschwindigkeit erzeugt zwar ein starkes Gefühl von Bewegung und Sportlichkeit. Aber es ist auch nur die unbewusste Hinwendung zum träger und älter werden.

2.1.3 Regeneration

Die hereinbrechende Dunkelheit veranlasste die Menschen früher zum Schlafengehen. Heute gibt es elektrisches Licht und Müdigkeit kann man mit Koffein und anderen Drogen überdecken. Viele schlafen zu wenig. So regeneriert manch abgeschlaffter Körper nicht genug und die Abkoppelung vom Sonnenrhythmus ist auch nicht gut, denn Schlaf bei natürlicher Dunkelheit bringt mehr Erholung. Dunkelheitsdepressionen im Winter fallen mindestens geringer aus, wenn die gesamte Taghelligkeit genutzt wird.
Für das Entspannen gibt es viele Möglichkeiten: Joga, autogenes Training, Musik hören, sich an einen schönen Ort setzen und die Umgebung auf sich einwirken lassen. Für mich ist zu Fuß oder per Rad in der Natur bewegen und die vielen Bilder an mir vorbei gleiten lassen das Entspannenste. Weiterhin kann man von

Alltagsproblemen abschalten, indem man sich mit etwas Angenehmem beschäftigt oder verreist. Es gibt in der Natur und anderswo viele Möglichkeiten Geist und Körper zu regenerieren. Jeder muss die für ihn richtige Kombination finden.

2.1.4 Ernährung

Die durch Züchtung, Kunstdünger und Hormone aufgedunsene vitamin- und mineralstoffarme Nahrung muss in großen Mengen aufgenommen werden, um dem Körper das zu bringen, was er braucht. Verstärkt wird das Vielessen noch durch guten Geschmack, Geschmacksverstärker oder wenn es als Zeitvertreib oder als Ersatzbefriedigung bei Kummer benutzt wird. Vor allem bei gleichzeitigem Bewegungsmangel führt das leicht zu Dickleibigkeit, Vitalitätsverlust und Organüberlastungen, z. B. der Bauchspeicheldrüse (Wohlstandsdiabetis). Weitere Unnatürlichkeiten sind: Gifte in der Nahrung und Drogen (Koffein, Nikotin, Alkohol, ...).
Vegetarier und noch mehr die Veganer hinterlassen einen wesentlich kleineren klima- und naturschädlichen Fußabdruck als Fleischesser. Leider schaffen das viele, wie auch ich, nicht. Aber wer seinen Konsum an Fleisch, Wurst und Fastfood reduziert, der tut schon etwas für seine Gesundheit, die Natur und unser aller

Zukunft. Die Verdauungsorgane arbeiten nicht bei allen Menschen gleich. Deshalb finde ich es sehr gut, wenn jemand probiert, wie weit er auf Fleisch verzichten und wie weit er sich einer vegetarischen oder gar veganen Ernährung annähern kann. Auch eine Reduzierung der Kohlenhydrate bekommt den meisten Menschen gut. Unsere Vorfahren haben viel weniger davon gegessen, weil sie in der mitteleuropäischen Natur kaum essbare Grassamen, keine Kartoffeln und keinen Reis fanden. Eine Mahlzeit aus Salat oder Gemüse und Eiweiß in irgendeiner Form ist vollwertig. Hülsenfrüchte, vor allem wenn man sie zusammen mit Pilzen isst, sind ebenfalls eine vollwertige Alternative zum Fleisch.

Am besten sind Wildkräuter, Wildfrüchte und Biokost,

Brennnessel

weil da die Wahrscheinlichkeit, dass sie Gifte, Hormone, Konservierungsstoffe und andere schädliche Substanzen enthalten äußerst gering und die Menge an Vitaminen, Mineralien, Ballast-, Bitter- und anderen wertvollen Substanzen höher ist. Außerdem werden keine Nutztiere unnötig gequält, wie das mit dem lebenden Fleisch in der konventionellen Massentierhaltung tagtäglich geschieht. Wildkräuter enthalten im Durchschnitt die doppelte Menge an Vitaminen und Mineralien wie Kulturpflanzen.
Unsere wertvollste Pflanze ist wohl die Brennnessel. Sie ist ganzjährig erntbar und enthält mehr Phosphor, Magnesium, Eisen, Calcium, Vitamin C und Eiweiß als alle Kulturgemüsearten. (Quelle: Fleischhauer: Enzyklopädie der essbaren Wildpflanzen, Aarau und München, 2003).

2.1.5 Immunsystem

Für jedes Wehwehchen gibt es heute ein Pillchen. Wer das voll ausnutzt und Erkältungen mit Antibiotika bekämpft, nimmt dem Körper die Möglichkeit, sein Immunsystem zu trainieren. Die Folge kann eine allgemeine Krankheitsanfälligkeit sein, so dass der Körper bei schweren Infektionskrankheiten trotz Medikamentenunterstützung recht wehrlos ist. Besser ist es, wenn man bei Grippe und ähnlichen Krankheiten keine Medikamente nimmt, sondern seinen Körper je nach Schwere der Krankheit nur mehr oder weniger schont und so das Immunsystem trainiert.

Bei jeder der fünf Säulen der Gesundheit sind kleine Fehler ohne Bedeutung. Jeder sollte aber versuchen, die groben Fehler zu erkennen und abzustellen.

Unnatürlicher Lebenswandel fördert viel Negatives: Fettleibigkeit, Magersucht, Allergien, Anfälligkeit für Infektions- und andere Zivilisationskrankheiten, Unfruchtbarkeit (heute schon jedes siebte Paar), Schlaf- und Antriebslosigkeit, Hang zu Drogen, mangelnde körperliche und geistige Fitness, Nervosität, Überempfindlichkeit, Vereinsamung, Anerkennungsmangel, Depressionen, Ängste, gestörte Beziehungen, Egoismus, Geldgier, Kriminalität und immer weniger Menschen, die sich für andere Menschen und für gute Ziele einsetzen. Diese Aufzählung ist lang, aber mit Sicherheit unvollständig. Zumal ja auch alle nicht aufgeführten Krankheiten mehr oder weniger stark von einem unnatürlichen Lebenswandel gefördert werden.

Können natürlich lebende Menschen krank werden? Diese Frage ist ziemlich sinnlos, denn es ist dumm, einen total natürlichen Lebensstil anzustreben. Sinnvoll ist, seine Erbanlagen und seine Anatomie zu berücksichtigen und selbstverständlich kann man bei jedem Lebensstil krank werden, aber die Wahrschein-

lichkeit ist geringer, wenn man natürlicher lebt.
Es gibt nur zwei natürliche Zeiteinheiten: Den Tag und das Jahr.
Zum gesunden Leben gehört ein an der Sonne ausgerichteter Tagesrhythmus.
Der Jahresrhythmus sollte sich an den Jahreszeiten orientieren. Essen, was hier gerade reif ist. Sonnwende, der erste Schnee, das erste Schneeglöckchen, das erste ... sollten gefeiert, mindestens beachtet werden. Schnee, warme Seen und der Gesang der Vögel können jahreszeitliches Freizeitverhalten anregen.
Unsere Lebensphasen sind Kleinkindzeit, Schulzeit, Arbeitszeit und Lebensabend. Soweit man das in der Hand hat, sollten die Phasen nicht zu krass voneinander getrennt, sondern mehr von einem lebenslangen Lernen und Arbeiten bestimmt werden. Die altersspezifischen Aktivitäten sind gut. Von dem Grundsatz „Das tut man in meinem Alter nicht“ sollte man sich aber nicht unnötig einschränken lassen.
Wichtig ist die Familienphase. Kinder bremsen zwar die eigenen Konsummöglichkeiten und erfordern eine recht plötzliche enorme Umstellung. Aber sie bringen Abwechslung, eine vorübergehende andere Lebensstruktur, andere Sichtweisen für vieles und Lebenssinn. Kinder spenden viel Freude und sind für die meisten Menschen die stabilste Beziehung.

2.2 Der Weg zum natürlichen Lebensstil

Zuerst sollte man sich von dem vom Konsumverhalten hervorgerufenen Geld- und Zeitdruck befreien. Dazu ist es hilfreich, wenn man sich klar darüber wird, was man zum Überleben und Gesund bleiben braucht. Alle anderen Ausgaben und auf Konsum ausgerichtete Aktivitäten sind zu überprüfen. Vor allem Ausgaben, die man nicht oder kaum genießt, sollten gestrichen werden. Als nächstes sind alle Wunsch-Wachstums-Events und andere „Wunschwachser" dran. Da sind vor allem die verschiedensten Formen der Werbung, denen man sich, auch wegen ihrer scheinbar sympathischen Aufdringlichkeit, nicht ganz entziehen kann. Aber es gibt viele Möglichkeiten, den Kontakt zu verringern. Diese Möglichkeiten sollte man intensiv suchen, sich bewusst machen und nutzen, um sich vom Einfluss der Werbung so weit als möglich zu befreien. Weiterhin sind da shoppen gehen und Schaufenster gucken, der Wunsch, immer

Sauerklee

das Neueste haben zu wollen und modisch gekleidet zu sein, sowie das Orientieren des eigenen Verhaltens an Menschen, die mehr haben bzw. mehr konsumieren als man selbst. Konsumfeste, wie Weihnachten und Geburtstage, dürfen vom Konsumballast befreit werden, dann kann auch das Sinnvolle an diesen Festen besser zum Tragen kommen. Weihnachten ist das Fest der Familie, bei dem verschiedene Generationen zusammenkommen. Statt über große Geschenke, die nicht gebraucht werden und zeitaufwendige Essensvorbereitungen nachzudenken, können Spiele, Singen und Gespräche vorbereitet werden. Das Gleiche gilt für Geburtstage. Ziel sollte nicht ein komplizierter, sondern ein möglichst einfacher Lebensstil sein.
Als Alternative zu den Wunsch-Wachstums-Events bietet sich vieles an, dass man in der Natur gemeinsam tun kann: Spazieren, Wandern, Rad fahren, Picknick an einem schönen Ort, Exkursionen, sich an einen artenreichen Platz setzen und die Natur beobachten und auf sich einwirken lassen, …

3. Naturnutzer

Wer in der Natur seinen Beruf oder ein Hobby ausübt, verbringt dort viel Zeit und kann ein gutes Verhältnis zur Natur aufbauen. Leider sehen viele scheuklappenartig nur ihren Bereich.

So lassen viele Hunde- und Katzenhalter ihre Lieblinge frei laufen. Egal wie viele Wildtiere ihnen zum Opfer fallen und wie viele Vögel wie oft von ihren Nestern gescheucht werden, so dass die Eier kalt werden und keine Jungen schlüpfen. Jäger möchten möglichst viele Tierarten schießen. So auch seltene wie Mauswiesel, Hermelin, Baummarder, Waldschnepfe und Rebhuhn. Angler setzen fremde Fischarten in ihren Gewässern aus. Pferdehalter überweiden ihre Wiesen und Landwirte vergiften Wildtiere, Pflanzen und Gewässer.

Aber in all diesen Bereichen gibt es auch Menschen, die die ganze Natur im Blick haben. So gibt es neben dem Jagdschutzverband, der 2013 in Deutscher Jagdverband (DJV) umbenannt wurde, seit 1991 den Ökologischen Jagdverband (ÖJV). Während der Deutsche Jagdverband auch die Jagd schützt und trophäenorientierte Jagdzeiten durchsetzen bzw. halten konnte, geht es der neuen Vereinigung um Jagd, die sich an ökologischen Erkenntnissen orientiert.

Neben den Hobbygärtnern, die mit Gift und Kunstdung hohe Erträge und einen wohnzimmerartigen, schönen Ordnungsgarten anstreben, gibt es immer mehr solche, die in ihrem Garten Artenreichtum fördern und viel für Schmetterlinge und Bienen wachsen lassen.

Am schwierigsten ist das naturverträgliche Arbeiten in der Landwirtschaft. Einerseits entstehen hier die größten Schäden. Andererseits geht es nicht um Hobbys, sondern um Existenzen. Ein kleiner Bauer, der ums Überleben kämpft, kann ohne staatliche Hilfe nicht viel für die Artenvielfalt tun. Biobauern arbeiten ohne starke, chemisch hergestellte Gifte, die unnötig viele Tier- und Pflanzenarten töten und ohne Kunstdünger. Auf ihren Feldern leben mehr Vögel und andere Tiere als bei den herkömmlich wirtschaftenden Bauern. Ihre Produkte enthalten keine Giftrückstände, Hormone und Antibiotika. Ihre Lebensmittel sind nicht durch Kunstdünger und Wachstumshormone aufgedunsen.

Wenn ein Bauer auf Bioproduktion umstellt, muss er fünf Jahre lang biologisch arbeiten, bekommt aber nur die Preise wie für herkömmliche Ware. Deshalb brauchen diese Bauern staatliche Unterstützung. Das wird allmählich mehr. Ist aber noch immer viel zu wenig.

Die Frage, ob Deutschland oder die ganze Welt ernährt werden könnten, wenn alle Bauern auf Bioproduktion umstellen, ist schwer zu beantworten. Ein Teil der Antwort ist die Tatsache, dass die Hälfte dessen, was auf unseren Feldern wächst, weggeworfen wird. Kartoffeln, Rote Bete, Kohlköpfe und noch viel mehr Produkte, ... die zu groß oder zu klein sind, will niemand haben. Was auf dem Handelsweg verdirbt oder schlecht aussieht, wird aussortiert. Ware, die in Geschäften und auch in vielen Haushalten das Mindesthaltbarkeitsdatum überschreitet, landet ebenfalls im Müll. Dieses Datum ist nur bei Fleisch, Wurst und Fisch sinnvoll. Wer bei Quark und anderen Lebensmitteln am Geschmack nicht die Essbarkeit erkennt, der entmündigt sich selbst. Sehr gut sind die Essensretter-Initiativen, die wertvolles Essen vor der Vernichtung bewahren. Außerdem ist es so, dass Menschen, die sich vollwertig mit Bioprodukten ernähren, weniger essen, weil der Körper alle notwendigen Stoffe in der Nahrung findet. Während er in der durch Kunstdünger, Hormonzugaben und andere Wachstumsbeschleuniger aufgedunsenen Nahrung mehr essen muss, um alle lebensnotwendigen Stoffe aus dem Essen herauszuholen. Dementsprechend sind auch die Körper der Vollwerternährten nicht so aufgedunsen.

In der Nachkriegszeit bis in die 80er-Jahre wurde durch den hemmungslosen Ausbau der Wirtschaft so viel Gift in die Bäche und Flüsse geleitet, dass sehr viele Fischarten verschwanden. Durch den konsequenten Ausbau von Kläranlagen sind unsere Flüsse wieder so sauber geworden, dass viele Fischarten zurückgekehrt sind. Viele Arten schaffen das aber nicht allein. Deshalb haben Angler z. B. in der Gersprenz Schlammpeitzger, Schneider, Barben und Nasen ausgesetzt, um so „...eine gesunde, heimische, artenreiche und an das Gewässer angepasste Fischfauna aufzubauen und zu erhalten“ (Darmstädter Echo, 12.05.2021).

Damit in der Natur Arbeitende mehr für die Gesundheit der Menschen und Artenreichtum tun, ist viel Eigeninitiative nötig und es müssten mehr Parteien gewählt werde, die eine solche Entwicklung unterstützen und z. B. bereit sind, mehr Geld aufzubringen, um die Bauern bei der Umstellung auf Bioproduktion zu fördern.

4. Was kann ich für die Natur tun?

Für den Aufbau und den Erhalt des Luxus, in dem wir leben, wurde und wird Natur zerstört. Wir sollten dankbar dafür sein, dass wir auf einem so schönen Planeten sein dürfen. Diese Dankbarkeit können wir zeigen, indem wir ein bisschen was für bessere Entwicklungsmöglichkeiten der Natur tun.

Schafgarbe

Sie ist unsere Lebensgrundlage. Nahrung, Gesundheit, Erholung, Erlebnisse und unbegrenzte Erkundungsmöglichkeiten bietet sie uns. Mit Freude verbunden sind oft die kleineren und größeren Anstrengungen, die Entfaltungsmöglichkeiten der Natur zu verbessern.

4.1 Garten und Balkon

Ein Garten sollte nicht steril sein wie ein erweitertes Wohnzimmer, sondern auch Raum für die frei lebende Tier- und Pflanzenwelt bieten. Es werden so viele Gärten überhaupt nicht genutzt, dass fast jeder, der einen Garten haben will, auch einen bekommen kann. In den letzten Jahren wurde das allerdings zunehmend schwieriger.

Die Schwerpunkte können sehr verschieden sein. Zu einem kompletten Naturgarten gehören ohne Gift und Kunstdünger angebautes Gemüse, Beeren, Obst und Kräuter, wobei das Gemüse häufigere Besuche und mehr Arbeit fordert als Beeren und Obst. Essbare Wildkräuter benötigen wenig Pflege und besitzen besonders viele Vitamine und Mineralien. Gut wachsen in vielen Gärten Vogelmiere, Löwenzahn, Brennessel, Gundermann, Spitzwegerich. Sauerampfer, Melde, Stachellattich und Giersch, der allerdings in der Ausbreitung begrenzt werden sollte.

In der Natur gibt es nur Kreisläufe, keine Abfälle. Im Sinne dieses Naturgesetzes liegen die Kompostwirtschaft und das Mulchen. Holz kann man verarbeiten in Totholzhäufen und durch Häckseln. In viele große Gärten passt auch eine Benjeshecke. Das ist eine Sträucherreihe, die von zwei Reisigwällen begrenzt wird. Diese schützen die Sträucher vor Sonne, Wind und Wildverbiss.

Rinnenbeete werden im Abschnitt „9.2 Rinnenbeet" (Seite 103) näher beschrieben.

Bei allen diesen Methoden entsteht fruchtbare Erde und Raum für sehr viele Tiere. So lebt die einem Engerling sehr ähnliche Larve des schönen grünen Rosenkäfers in den holzreichen Rinnenbeeten und auch in Komposthaufen, wo die Larve des Maikäfers nie vorkommt.

Dem Artenreichtum dienen Teiche ohne Fische, für Amphibien, Libellen und andere Insekten, Schnecken und Wasserpflanzen. Weitere wertvolle Biotope sind: Sumpfzonen, Hecken, besonnte Blumenwiesen, die im Juni und September gemäht werden, Trockenbiotope (besonnt, ohne Mutterboden) und stabile Hohlräume in Lesesteinhäufen, Trockenmauern, Wurzelburgen, alten halb oder ganz toten Bäumen, sowie in Nistkästen.

Wer einen solchen Garten besitzt, erntet immer wieder gesundes Essen, wird zu Bewegung in frischer Luft angeregt und kann sehr viel beobachten.

Viele gute Anregungen findet man unter dem Stichwort „Permakultur“.

Für die Balkonbepflanzung schlägt die Besitzerin eines Blumengeschäfts Beate Luft folgende Nektar- und Pollen spendende Pflanzen vor:

Frühjahr: Hornveilchen und Stiefmütterchen, Primeln und alle Zwiebelblumen.

Sommer: Nur ungefüllte Sorten: Verbenen, Zauberschnee, Petunien, Kapkörbchen, Campanula, Sedum, Lavendel und Löwenmaul.

Herbst: Dahlien (ungefüllt), Herbstanemonen,

Herbstzeitlose, Saxifraga und Herbst-Veronica.
Winter: Heleborus: Christ- und Lenzrose, sowie Winterheide.

4.2 Die freie Natur

Von Gott oder der Natur wurde das ungeheuer vielfältige Leben auf unserer Erde geschaffen. Aufgabe der Menschen ist nicht, dieses gewaltige Wunderwerk zu schädigen oder gar zu zerstören. Zur Sicherung unserer Ernährung, fürs Wohnen, für die Industrie und die Verkehrswege waren viele Zerstörungen unumgänglich. Jetzt sollten wir aber, mindestens in Europa dazu übergehen, das Zeitalter der permanenten Naturschädigung abzuschließen, um ins Zeitalter der Harmonie mit der Natur überzugehen.
Der Unterschied zwischen einem Handwerker und einem Naturschaffenden ist, dass Handwerker etwas Fertiges produzieren, etwa einen Schrank oder ein Haus. Gärtner, Bauern und Waldarbeiter setzen nur unfertige Anfänge, in dem sie Samen oder Pflänzchen in die Erde geben. Abgesehen von unterstützenden Pflegemaßnahmen lässt die Natur dann wachsen.
Unsere Landschaft ist geprägt von steriler Landwirtschaft und Holzplantagen. Dazwischen gibt es etliche schöne Stellen, an denen sich die Natur entwickeln

kann: Weg- und Straßenränder, Brachen, Ufer, Dächer, ungenutzte Gartenteile und besondere Waldstücke.
Die Artenvielfalt dieser Geländeteile kann durch Pflegemaßnahmen oft erheblich verbessert werden.
So können Amphibien fast überall leben, wenn geeignete Laichgewässer vorhanden sind.
Artenreiche Trockenbiotope und Orchideenwiesen werden oft von Sträuchern und Bäumen überwuchert.
Viele Arten bedingen die Existenz weiterer Arten. So kann man Schmetterlinge vermehren und ihr Verbreitungsgebiet vergrößern, indem man ihre Futterpflanzen fördert. So braucht die spanische Flagge den Wasserdost und der Himmelblaue Bläuling den Hufeisenklee.

Spanische Flagge auf Wasserdost

Viele wertvolle Gebiete wurden unter Schutz gestellt. Am Anfang wurden sie zur Pflege oft gemäht. Heute werden sie meistens abgeweidet. In Zukunft sollten große Naturschutzgebiete von unseren großen wilden Weidetieren gepflegt werden: Rot- und Damhirsch, einer Wildpferdart, Wisenten und Auerochsen, bzw. dem rückgezüchteten Taurusrind. Wenn dazu keine wilden, scheuen, sondern Gehegetiere genommen werden, hätten diese weniger Stress und wären von Menschen gut zu beobachten. Vor dem Aussetzten von Wisenten, der größten einheimischen Tierart, im Rothaargebirge, wurde die Gefährlichkeit der Tiere getestet. „...zu Fuß und mit dem Mountainbike. Allein und in Gruppen. Mit bellenden Hunden und kriechend wie ein Wildtierfotograf. Ergebnis: Es gab nie einen bedenklichen Zwischenfall. Spätestens bei 40 Metern Distanz nahmen die Fluchttiere Reißaus.“ (Quelle: Der Spiegel, 22.12.2012) Die Zeit ist reif für den ersten pflegeleichten Wildpark ohne Zaun. Er würde helfen, das

Löwenzahn

Naturerleben und damit das Verhältnis der Menschen zu Natur zu fördern.
Mit Büchern, Zeitungsartikeln, Exkursionen, Info- und Beobachtungsständen versuchen die Naturschutzverbände, den Menschen die Natur näher zu bringen. Wenn es mehr Helfer gäbe, dann wäre unsere Landschaft struktur- und artenreicher und damit auch das biologische Gleichgewicht stabiler. Wer geholfen hat, an einer Stelle die Entfaltungsmöglichkeiten der Natur zu verbessern und dann miterleben kann, was da wächst und sich entwickelt, der hat immer ein lohnendes Ausflugsziel.

4.3 Umwelt

Die Klimaerwärmung wird wohl mehr Tote und Zerstörungen bringen als der Zweite Weltkrieg. Dieser dauerte sechs Jahre. Wenn die Verbrennung fossiler Rohstoffe weitgehend eingestellt ist, dann ist noch völlig unklar, wie viel Jahrzehnte, eher Jahrhunderte oder Jahrtausende es dauern wird bis die Luft, in der wir leben, wieder so sein wird, wie sie vor der vom Menschen hervorgerufenen Verseuchung war. Der allgemeine, unbewusst gelebte Grundsatz „Mir ist egal, woran meine Urenkel verrecken“, sollte bewusst bearbeitet werden.

Je mehr es uns gelingt, Boden, Wasser, Luft und Klima wieder zu renaturieren, umso besser sind die Zukunftsaussichten für uns, unsere Kinder, unsere Enkel, für ihnen folgende Generationen und für eine artenreiche Natur. Dass sich die Ozonschicht wieder regeneriert, beweist, dass sich Anstrengungen lohnen. Der Kampf um Klima und Energieversorgung fordert allerdings sehr viel höhere Anstrengungen. Jetzt wird vor allem vor Wahlen sehr viel über diese Thematik geredet. Das ist gut. Aber es reicht nicht, um den schlimmsten Dauerzustand zu verhindern. Die notwendigen einschneidenden Maßnahmen, die leider ziemlich wehtun werden, wenn sie effektiv sein sollen, lassen auf sich warten. Auf drei Gebieten muss gearbeitet werden: Nutzung ewiger Energiequellen, effizientere Geräte und Kraftwerke, sowie Sparmaßnahmen. Jeder einzelne kann etwas tun: Es gibt viele Sparmöglichkeiten im Haus und bei der Mobilität. Weg von großen Spritfressern hin zu sparsamen Autos und solchen, die mit Wasserstoff, Erdgas und Elektrizität angetrieben werden. Und es gibt ja auch noch öffentliche Verkehrsmittel, Fahrräder und Füße. Ein Elektrofahrrad kann zeitweise ein Auto ersetzen. Nur noch regenerativen Strom verwenden und weniger kaufen und wegwerfen, denn zur Herstellung jeden Artikels ist Energie notwendig. Sich informieren. Parteien wählen, die nicht nur reden, um Wahlen zu gewinnen, sondern für konkrete Maßnahmen eintreten.

In späteren Jahrhunderten und Jahrtausenden werden die Menschen unter noch viel schlimmeren Klimaereignissen, als viele Menschen heute, leiden und auf unsere Generation schimpfen, weil wir wissen, dass es die menschengemachte Klimaerwärmung gibt und die Mittel zu ihrer Vermeidung haben, sie aber viel zu zögerlich einsetzen. Wir schützen unseren Konsum, aber nicht unser Klima.

Es gibt viele Initiativen auf dem Weg von der konsumorientierten, zerstörerischen Wachstumswirtschaft, die viele Rohstoffe unnötig verbraucht, hin zu einer an menschlichen Bedürfnissen orientierten Harmoniegesellschaft: Flohmärkte, Gegenstände zum Verschenken vor der Haustür, Repaircafes, Essensretter, Tafeln, Kleiderkammern, Secondhand-Läden und Sperrmülltage, von denen mir nicht klar ist, warum sie abgeschafft wurden. Weiterhin zu erwähnen sind Unverpacktläden, die Entwicklung von Bioläden, über Reformhäuser hin zu Bio-Supermärkten und dem Konzept des Abarbeitens der Miete. Meist sind das ältere Menschen, die einem Studenten ein Zimmer vermieten. Wenn der den Senioren hilft, werden die Stunden aufgeschrieben und von der Miete abgezogen. Es gibt genügend Studenten, ältere Schüler und Handwerker, die das machen wollen, aber leider noch zu wenige Vermieter, die sich auf so einen Deal einlassen. Neuerdings wird in mittelgroßem Stil die Soldatenfliege gezüchtet, deren Larven aus Küchenabfällen Eiweiß herstellen, das dann hauptsächlich als Tierfutter verwendet wird, wodurch Soja, Fischmehl und andere eiweißhaltige Produkte eingespart werden.

Ich denke, dass ich mit diesem Schrieb deutlich mache, dass ein Leben im Einklang mit der Natur eine Alternative darstellt, zur bei uns vorherrschenden Orientierungshilfe Konsum und Wachstum. Weiterhin hoffe ich, aufgezeigt zu haben, dass auch in der Stadt ein Leben in weitgehender Harmonie mit der Natur möglich ist. Nicht ganz klar heraus kam wohl die Tatsache, dass man Natur befriedigender und dauerhafter genießen kann, wenn man sieht, was sich aus dem entwickelte, bei dem man half und wenn man einige Arten- und Naturkenntnisse besitzt. Denn was man nicht kennt, das sieht und hört man nicht.

5. Kinder und Jugend

Da geht im April ein Pärchen spazieren. Er sieht viel Grün und hört es piepsen. Weiter differenzieren kann er nicht. Sie sieht das frische Laub einer Birke, die Blüten von Schlüsselblume und Lerchensporn. Sie hört das melancholische Lied des Rotkehlchens und das heitere Schmettern des Buchfinks. Dann kann man davon ausgehen, dass sie den Spaziergang mehr genossen hat als er.

Wie man die Natur genießt, wie man sie achtet und fördert, wie man einen gesunden Lebensstil praktiziert und in Gemeinschaft lebt, all das lernt man in der Kindheit und Jugend leichter als später. Wenn Eltern gesunde, nicht behinderte Kinder, die weniger als einen Kilometer von der Schule entfernt wohnen, mit dem Auto dorthin fahren, dann behindern sie eine solche Entwicklung und auch die Ausbildung von Selbständigkeit und Eigenverantwortung. Es ist falsche Liebe, wenn man Kinder in Watte packt, ständig beobachtet und vor allen Unannehmlichkeiten schützt. Dieses Verhalten ist mehr egoistischer Eigenschutz als Kinderliebe, das Mütter mehr als Väter praktizieren. Als Helikoptermütter werden Mütter bezeichnet, die ständig und im übertragenen Sinne über ihren Kindern schweben wollen, um sie jederzeit beschützen zu können. Diese überempfindlichen Frauen leiden, wenn ihr Kind wegen Schmerzen weint, auch wenn es

nur für eine halbe Minute ist und vor diesem Leiden möchten sie sich bewahren. Deshalb verbieten sie ihren Kindern auf Bäume zu klettern, zu rennen und mit „gefährlichen" Werkzeugen zu arbeiten.
Besser ist, Menschen heranwachsen zu lassen, die stark sind und auch schwierige Situationen und Probleme meistern. Sie sind besser auf das Leben vorbereitet als diejenigen, die die Ängste ihrer Eltern übernehmen. Wer viel durchgestanden hat, kann an neue Probleme mit der Grundeinstellung heran gehen: „Das werde ich auch schaffen."
Kinder können ohne Alkohol lustig sein. Sie sind spontan und können sich über Kleinigkeiten freuen. Von ihrer lockeren Leichtigkeit können sich Erwachsene anstecken lassen, während aus den Erlebnissen und Erfahrungen der Älteren viel Freude und Aktivität bei den Jüngeren wachsen kann. Gemeinsames Handeln von Alten und Jungen, die anderen verstehen und mit ihnen aktiv werden, ist eine Erlebniswelt, die viel weiter erschlossen werden könnte.

5.1 Familie, Natur und Erdkontakt

In der frühesten Kindheit werden Sympathien und Antipathien gegenüber verschiedenen Teilen der Umwelt angelegt. Vor allem kleine Kinder können sich leicht mit jungen und wie sie selbst weitgehend wehrlosen Tieren identifizieren. Sie sind begeisterungsfähig und lernbegierig gegenüber der Natur. Im Familienverband gibt es viele Möglichkeiten, das zu fördern und Kinder an die Natur heranzuführen. Man sucht einen Ort, an dem möglichst wenig verboten werden muss, z. B. im Wald oder die Familie setzt sich mit einer Decke und Picknick auf eine gemähte Wiese, lässt die Kinder spielen, beantwortet ihre Fragen und zeigt ihnen gelegentlich etwas oder gibt auch mal eine Anregung. Auch ein Garten ist gut. Jedenfalls müssen die Kleinen genügend Zeit bekommen, um sich mit Steinen, Stöcken, Schneckenhäusern, Erde und Schlamm vertraut zu machen. Eltern sollten bereit sein, in unserer von oft kinderfeindlicher Sauberkeit geprägten Welt einiges auszuhalten. Der Kontakt mit

Erde ist die beste Vorbeugung vor Allergien. Das Immunsystem muss lernen, zwischen körpereigen und nicht zum Körper gehörenden Stoffen zu unterscheiden. Erde oder Schlamm auf der Haut ist dazu bestens geeignet. Es ist vielfach belegt, dass mit häufigem Erdkontakt aufwachsende Kinder seltener unter Allergien leiden als Kinder, deren Umgebung immer sauber und steril ist.
Bekommen die Kleinen eine naturfreundliche Grundeinstellung, dann ist das etwas, worauf sie später allein oder in Gemeinschaft mit anderen gut aufbauen können.

5.2 Waldkindergärten

In den 1950er-Jahren ging die Dänin Ella Flatau häufig mit ihren und bald auch Nachbarskindern in den Wald. Diese Form der Kinderbetreuung fand das Interesse vieler Eltern. So entstand der erste Waldkindergarten. 1968 gab es den ersten in Deutschland. Nach dem in unserem sicherheitsbewussten Land einige bürokratische Hürden genommen waren, konnten die Naturkindergärten auch staatlich unterstützt werden.
Seit den 90er-Jahren wurden sie schnell mehr. Jetzt sind es ca. 2.000 Waldkindergärten (Bundesverband

der Natur- und Waldkindergärten in Deutschland e.V., 2022) ab drei Jahren, die sich meist an einem Bauwagen oder einer Waldhütte treffen, um dann bei fast jedem Wetter für mehrere Stunden durch die Natur zu ziehen. Häufig haben sie einen Hauptweg mit verschiedenen Treffpunkten, zu denen die schnelleren Kinder vorlaufen dürfen. Dort spielen sie dann, bis das letzte Kind angekommen ist. Am Wegesrand gibt es so viel zu entdecken und zu spielen, dass die Gruppe als Ganzes oft weniger als einen Kilometer pro Stunde zurücklegt. Wenn sie schmutzig, glücklich, ausgeglichen und manchmal auch ein wenig müde von ihrer Tour zurückkommen, dann sieht man, dass sich hier Kinder kindgemäß verhalten dürfen. Sie werden mit der Natur vertraut, lernen etliche Tiere und Pflanzen kennen, ihre Motorik und Wahrnehmung werden gefördert. Die Stress erzeugende Lärmbelastung ist gerin-

ger als in geschlossenen Räumen. Die Waldkinder sind kräftiger und gesünder als ihre Altersgenossen. Dass es nicht noch mehr Waldkindergärten gibt, liegt wohl nicht daran, dass sie für kränkliche Kinder nur bedingt geeignet sind, als vielmehr an den zu ängstlichen Eltern, denen die momentane Gesundheit wichtiger ist, als die in der Zukunft. Karrierebewusste Eltern meinen, dass die Kinder in den herkömmlichen Einrichtungen besser auf die Schule vorbereitet würden. Das ist richtig, aber die ausgeglichenen, gesunden Waldkinder holen das Versäumte schnell auf und überholen dann meistens die Kinder aus den herkömmlichen Einrichtungen. Auf die in der frühen Kindheit gelegten Grundlagen werden sie das ganze Leben lang aufbauen können.

5.3 Kinder- und Jugendgruppen

Wenn Kinder den Kindergarten verlassen und in die Schule kommen, dann nimmt diese zusammen mit den Hausaufgaben so viel Zeit in Anspruch, dass sie oft nur noch wenig in die Natur kommen. Das wird noch verstärkt, wenn im Laufe der Schuljahre TV, PC, Handy und verschiedene Tongeber immer mehr Zeit beanspruchen. Eltern, die viel mit ihren Kindern unternehmen und dazu vielleicht sogar noch Freunde der Kinder mitnehmen, können etliches ausgleichen. Sie können das mehr oder weniger gute Verhältnis ihrer Kinder zur Natur weiter entwickeln. Aber das schaffen leider nur wenige Eltern. Deshalb sind Kinder- und Jugendgruppen von großer Bedeutung.

Viele Vereine bieten etwas an. Im Sport können sie sich austoben und ihre körperliche Leistungsfähigkeit steigern. Sie können ein Musikinstrument beherrschen lernen oder im Basteln ihre Geschicklichkeit trainieren. Besonders wertvoll sind Kinder- und Jugendgruppen, die ein weit gefächertes Programm bieten, damit Teilnehmer ihre Neigungen kennenlernen, sich auf vielen Gebieten entwickeln können und viele ihrer Wünsche berührt werden, was auch die seelische Stabilität fördert.

Das gilt vor allem dann, wenn sich alles im vertrauten Freundeskreis abspielt. Gut ist auch, wenn in der

Gruppe das oberflächliche Konsumdenken eingeschränkt wird, weil so die Geldnöte weniger werden und Raum entsteht für bessere Aktivitäten und das Erkennen tieferer Werte. Besonders wertvoll sind Gruppen, die anderen Menschen oder der Natur helfen und außerdem noch in Beschäftigungen einführen, die noch nach Jahrzehnten Bedeutung für die Gruppenmitglieder haben. Die meisten Gruppen erfüllen einen Teil dieser Kriterien. Es gibt Naturgruppen, die auf allen Gebieten etwas bringen.

5.4 Der Aktivitätsfächer einer guten Naturgruppe

5.4.1 Naturerlebnis

Ziel ist, Kinder und Jugendlichen Natur als etwas Angenehmes, Vertrautes wahrzunehmen zu lassen. Aber auch, dass Natur hart sein kann. Dass man hier Abenteuer erleben kann, die man nie vergisst. Die Abenteuerlust unserer Jungen und Mädels ist groß. Wenn sie von Älteren keine geeigneten Anregungen bekommen, neigen viele später zum Rauchen, zu Alkohol, dazu, die Nächte durchmachen, auch zu Zerstörungen. Aus Kindern und Jugendlichen, die ihre Erlebnis- und Abenteuerlust nicht ausleben können, werden oft zu von Ängsten geplagte Erwachsene, von denen es heute leider sehr viele gibt.

Junge Menschen sind mehr von Motivationen abhängig als ältere. Bei ausreichender Motivation sind sie zu gewaltigen Leistungen fähig. Fehlen die Anregungen, neigen viele zum Nichtstun, zum Vergammeln.

Um Natur zu erleben, gibt es viele Möglichkeiten. Gut sind Streifzüge bei Tag und auch bei Nacht, vor allem durch den Wald, aber auch durch oder zu möglichst vielen anderen Biotopen: Wiesen, Gärten, Streuobstwiesen, Äcker, Waldränder, Still- und Fließgewässer, Steinbrüche und Steilhänge, ... Gut ist, wenn die Mädels und Jungen früh das kennenlernen, das sie einmal schützen und verbessern sollen. Märsche von A nach B sind nur in Ausnahmen geeignet. Erwachsene wollen etwas sehen. Wenn sie sich dabei noch unterhalten können, dann genügt ihnen das. Die Jungen wollen etwas tun mit dem, was es in der Natur gibt: Auf

Bäume und Steilhänge klettern, Amphibien und andere Tiere fangen und wieder frei lassen, Bäche stauen und umleiten, schaukeln, balancieren, Laubhütten bauen, Spiele spielen. Man sollte sich über Initiativen der Jungen freuen, sie fördern und eventuell auch verändern. Zeit an abwechslungsreichen Plätzen regt die Fantasie an.

Es gibt inzwischen viele gute Bücher, in denen Naturspiele, Basteln mit Naturmaterialien und Kochrezepte beschrieben werden. Spiele gibt es z. B. in Cornells Buch: „Mit Cornell die Natur erleben." Bastelanleitungen und Kochrezepte findet man in den vier jahreszeitlichen Büchern von Kutsch und Walden.

Etwas Schönes sind immer wieder Lagerfeuer. Man kann sie bereichern mit Stockbrot, Würstchen, Bratäpfeln, Folienkartoffeln, Esskastanien und im Topf über dem Feuer bereiteten Getränken und Speisen. Sehr romantisch kann es werden, wenn jemand zum Singen anregt und dazu vielleicht sogar noch Gitarre oder ein anderes Instrument gespielt wird.

Ein besonderes Erlebnis sind Übernachtungen in Hütten, Zelten, unter fast wasserdichten Waldrandbäumen (z. B. Fichten) und unter dem Sternenzelt.

Für Minuten, Stunden, Tage und Wochen kann man sich per Muskelkraft fortbewegen: zu Fuß, mit Fahrrädern, Schlitten, Abfahrtsskiern, Schlittschuhen, Inlinern, Kanadiern und Kajaks. Wenig bekannt sind Sea

Walkers (mit Muskelkraft bewegte Wasserski) und Bockerl (eine Kreuzung zwischen Schlitten und Fahrrad). Weiterhin sind möglich Baum- und Felsklettern, Abseilen, Klettergärten, Sommerrodelbahnen und Draisinen. Den Zugriff zu Reit- oder Tragetieren haben leider nur wenige. Skilanglauf ist wohl nur für Erwachsene und ältere Jugendliche geeignet. Vor allem die Tage oder Wochen dauernden Touren bieten die Möglichkeit, Natur ganz anders kennen zu lernen und sind oft unvergessliche Erlebnisse.
Tiere und Pflanzen beobachten kann gelernt und geübt werden. Jede Tierart hat ihre eigene Fluchtdistanz. Leise gehen, lauschen, ständig die Gegend mit den Augen absuchen und sofort unbeweglich stehen, wenn Wild herüberäugt, sind Fähigkeiten, die die meisten Kinder nur begrenzt, Jugendliche in Kleinstgruppen umso besser lernen können. Vögel sind ge-

genüber falschem Verhalten weniger empfindlich, eine Ausnahme sind Futterhäuschen, die nah am Fenster stehen. Die Motivation, Amphibien und ihre Larven zu fangen, ist bei den meisten Kindern ungeheuer groß. Dem sollte man sich nicht verschließen. Es sollte aber beachtet werden, dass die Larven nur kurze Zeit außerhalb des Wassers überleben. Zum Ende der Fangaktion müssen die Tiere wieder in ihr Gewässer zurückgesetzt werden. Gut beobachten lässt sich auch das Verhalten auffälliger Insekten, wie Schmetterlinge, Bienen und Ameisenlöwen.

Das Wachsen kann man besser an Pflanzen beobachten. Die Anlage eines Beetes oder Gärtchens bietet viele Möglichkeiten. Radieschen kann man acht Wochen nach dem Säen ernten. Erdbeeren schmecken gut. Kürbisse werden schön groß und sind vielseitig verwendbar. Es sollte nicht zu viel Land bearbeitet

werden, denn Kinder kann man leicht zum Anlegen, Säen und Gießen motivieren, aber nur sehr schwer zum Jäten und anderen Pflegemaßnahmen.

Darf eine Naturgruppe auch etwas ins Programm aufnehmen, das nichts mit Natur zu tun hat? Eine gute Gruppe sollte versuchen, möglichst viele Bereiche abzudecken, soweit sie nicht natur-, umwelt oder menschenschädlich sind. Interessant sind z. B. die verwandten Gebiete: Kosmos, Geologie und Geschichte. Spannend waren die Anlage eines Planetenweges im Maßstab 1:100 Milliarden, wobei für die Planeten und die Abstände zwischen ihnen der gleiche Maßstab verwendet wurde. So war leicht zu erkennen, wie leer es im Weltraum ist und dass da trotzdem Riesenbrocken herumfliegen.

Interessant war auch die Anlage eines Geologie- und Geschichtspfades im Maßstab 1 Million Jahre = 10 Meter. Vor der Anlage des Pfades waren die geologischen und geschichtlichen Orte der Umgebung besucht worden, die dann maßstabsgerecht am Pfad gekennzeichnet wurden. Für unsere 350 Millionen Jahre alte Umgebung brauchten wir einen 3,5 Kilometer langen Weg. Für die Menschheitsentwicklung seit der Sesshaftwerdung genügte ein DIN A5 Blättchen.

Schön sind auch Singen, Sketche einüben, Malen und Basteln, wobei nicht nur Naturmaterialien verwendet werden müssen.

5.4.2 Naturkenntnisse

Artenkenntnis ist der Einstieg in und Grundlage von vielem biologischem Wissen. Um mit der Natur vertraut zu werden, um unterhaltsame Spaziergänge zu machen und um etwas für die Natur tun zu können, sind diese Kenntnisse wichtig. Man sollte den Kids Artenkenntnisse vermitteln, ohne Lehrermethoden anzuwenden. Denn eine Naturgruppe sollte anders sein als Schule. Das macht die Gruppe interessant. Das Beste ist, wenn Fragen gestellt werden. Dazu sollte man immer wieder auffordern und besondere Biotope besuchen, die zum Fragen und Entdecken anregen. Gut ist es, wenn man eine Tier- oder Pflanzengruppe unter verschieden Zielsetzungen bearbeitet. So kann man Baumarten lernen, in dem man Zapfen und Früchte sammelt, Blätter presst und aufklebt und am Lagerfeuer die Brenn- und Heizeigenschaften der Hölzer bespricht. Bei speziellen Spielen, beim Schnitzen und Laubhüttenbau und dem Pflanzen von Nektarbäumen kann man die Bäume wieder aus anderen Blickwinkeln sehen. Vögel am Futterhäuschen, Pilze, Kräuter und Früchte sammeln, zubereiten und essen, sind weitere Gelegenheiten, um Artenkenntnisse zu erhöhen. Außerdem sind Wildpflanzen vitamin- und mineralienreicher als Kulturpflanzen und ihr Verzehr stärkt die Beziehung zur Natur.

5.4.3 Artenvielfalt

Durch gelegentlichen Naturschutzeinsatz sehen die Kids, wie man Artenreichtum fördern kann. Gut ist es, wenn die Maßnahmen in der Nähe ihres Treffpunktes stattfinden, damit beobachtet werden kann, wie die gepflanzten Bäume, Sträucher und Blumen wachsen und sich vermehren oder wie sich der von ihnen angelegte Teich mit Leben füllt.
Geeignet sind nur Einsätze, die Abwechslung bieten, da langweilige Arbeiten manchem die Lust am Naturschutz vertreibt. Die Bekämpfung invasiver Pflanzen sollte möglichst von Erwachsenen übernommen werden. Als invasiv werden Pflanzen bezeichnet, die sich stark vermehren und andere Arten verdrängen. Dazu gehören eingeschleppte Pflanzen wie Kanadische Goldrute, Götterbaum und der japanische Staudenknöterich, aber auch einheimische Arten wie Brombeere und Reitgras. Gut sind eigene Projekte, bei denen jeder seinen Baum pflanzt und mit Namensschild versieht und Nistkästen, auf die der Hersteller seinen Namen schreibt. Bausätze dafür gibt es bei vielen Behinderteneinrichtungen. Interessant ist auch ein gemeinsam angelegter Teich, der immer wieder besucht wird. Je älter die Kinder und Jugendlichen werden, umso mehr können sie für die Förderung der Artenvielfalt tun.

5.5 Dauerhafte Gruppen

Früher wurde man in eine Jäger- und Sammlergruppe oder in ein Dorf hineingeboren und blieb dort lebenslang oder man wechselte, meist zur Eheschließung, zur Nachbargruppe oder ins Nachbardorf. Diese Menschen kannten alle Mitglieder der Gruppe oder des Dorfes. Sie waren in einen großen Freundeskreis eingebunden, bei dem jeder jedem half. Hilfen und gemeinsam Erlebtes blieben jahrzehntelang im Bewusstsein und festigten die Beziehungen zusätzlich. Kriminalität gab es fast nicht.
Heute wird in Städten fünfmal so viel gestohlen wie in Dörfern. Würde man nur die großen Städte und die kleinsten Dörfer berücksichtigen, wäre der Unterschied noch viel krasser. Gründe dafür sind die Anonymität und die Tatsache, dass viele Städter in keinen stabilen, guten Freundeskreis eingebunden sind. Durch Schul-, Berufs- und Wohnungswechsel werden heute viele Menschen gezwungen, ihren Freundeskreis ganz oder teilweise aufzugeben. Das ist negativ, aber nicht einfach zu ändern.
Dauerhafte Gruppen können dem entgegenwirken und einiges an Stabilität bringen. Ich halte das Anstreben von Dauergruppen deshalb für wertvoller als Kurse zu bestimmten Naturthemen, wie sie von manchen Naturschutzorganisationen angeboten werden,

obwohl in diesen Kursen viel in der Natur über Natur gelernt wird.
Eine wichtige Voraussetzung für die Stabilität einer Gruppe sind Sympathien zwischen möglichst allen zur Gruppe gehörenden. Gestärkt werden diese Beziehungen wenig durch gammeln, abhängen oder chillen, mehr durch Feiern und anderes angenehme, dem man gemeinsam beiwohnt.
Am stärksten wächst die Bindung bei gemeinsamen Projekten, Erlebnissen und Abenteuern. Wenn man merkt, dass man auf andere angewiesen ist, deren Hilfe bekommt und erfährt, dass man sich in ernsten Situationen auf die anderen Gruppenmitglieder verlassen kann, dann schweißt das eine Gruppe zusammen. Wenn Jugendliche anderen helfen, merken sie außerdem, wie wichtig sie sind oder sein können.
In wöchentlichen Treffen lernen sich die Gruppenmitglieder und Gruppenleiter besser kennen als bei selteneren Treffen. Ein abwechslungsreiches Programm verstärkt diesen Effekt. Das Beste aber sind das Schaffen eines Biotops und Abenteuer, also Aktionen, in denen Ungewissheit und Angst durch gemeinsame Anstrengungen überwunden werden: Nächtliche Aktionen, Zelten, Schlafen unterm Sternenzelt, Rad- und Kanutouren, ... vor allem, wenn sie mehrere Tage oder gar Wochen dauern, hinterlassen bleibende Erinnerungen, die wie Harz sind, das die Gruppenseelen

zusammenhält. Auch gemeinsam etwas produzieren, gemeinsam singen und Gespräche wirken zusammenführend.

Es gibt Gruppen, in denen sich die Mitglieder nur Liebes, Gutes sagen und niemals einem anderen irgendwie wehtun. Dieser Stil wird, vor allem von älteren Menschen, als sehr angenehm empfunden. Für Kinder und Jugendliche wirkt er einschränkend und beklemmend. Der Grundsatz „Pack schlägt sich – Pack verträgt sich" ist viel passender. An den verbalen und körperlichen Attacken sollten sich die Gruppenleiter mindestens zeitweise beteiligen. Sie bauen Aggressionen ab, stärken Körper und Geist, wirken befreiend und fördern einen offenen, unverkrampften Gruppenstil. Die Gruppenleiter müssen aber darauf achten, dass alles im Spaß abläuft, dass niemand echte Schmerzen erlei-

det, beleidigt wird oder die Rolle des Prügelknaben zugeschoben bekommt. Wenn jemand keine Lust auf Kloppereien hat, sollte das berücksichtigt werden.
Dauergruppen vermitteln den Mitgliedern einmalige Erlebnisse und geben ihnen innere Stabilität. Aus ihnen können Gruppenleiter herauswachsen, die anderen Leitern voraushaben, dass sie vieles als junge Gruppenmitglieder kennen lernten.
Wenn die Jugendlichen zusammen und aktiv bleiben bis sie 16 Jahre oder noch älter sind, dann ergeben sich viele Möglichkeiten: Sie können größere Projekte angehen oder auch noch viel später gemeinsame Urlaubsfahrten machen.
Interessant in diesem Zusammenhang sind die siebenbürgischen Kränzchen: Mehrere Pärchen älterer Jugendlicher schließen sich zusammen und treffen sich alle paar Wochen zu sehr verschiedenen Aktivitäten: Besichtigungen, Wanderungen, gemeinsames Kochen, Singen, ...
Sie helfen sich gegenseitig, wenn Hilfe gebraucht wird. Oft reichen ihre gemeinsamen Aktivitäten bis ins hohe Alter. So etwas Ähnliches könnte sich auch aus lange zusammenbleibenden Naturgruppen entwickeln. Sie könnten miteinander, füreinander, in der Natur und für die Natur sehr lange in der Natur und an anderen Orten aktiv bleiben.

6. Die Öko-Bewegung

Wann die ersten Menschen bewusst zu versuchen begannen, im Einklang mit der Natur zu leben, ist schwer zu sagen. Ende des 19. Jahrhunderts gab es in Deutschland die ersten Wandervereine und 1899 wurde der Bund für Vogelschutz gegründet. Heute heißt er Naturschutzbund (NABU). Beide hatten damals nur wenige Mitglieder.

2021 hatte der NABU Hessen 73.000 Mitglieder, in Deutschland waren es 2020 756.000 Mitglieder. Eine spezielle Firma wirbt alle zehn Jahre um Mitglieder. Das bewirkt einen starken Zuwachs, weil sich nur wenige spontan aus eigenem Entschluss zu einer Mitgliedschaft entschließen.

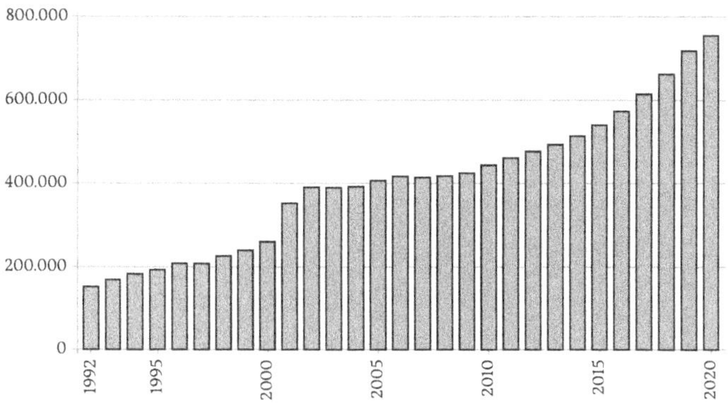

Mitgliederentwicklung NABU 1992 - 2020, Quelle: NABU Jahresbericht 2020

Von 1900 bis 1933 gab es die Jugendbewegung. Die Wandervögel und andere wollten Natur erleben, entwickelten neue Formen des Zusammenlebens und eigene Weltanschauungen. Aus dieser Bewegung gingen hervor: Jugendherbergen, Naturfreundehäuser, Reformhäuser, FKK, Kibbuze und wohl auch Rudolf Steiner mit seiner Anthropologie und den Waldorfschulen war von der Jugendbewegung beeinflusst.

Nach Krieg und Wiederaufbau brachte 1969 die Studentenbewegung eine neue Aufbruchstimmung. Es entstanden viele Bürgerinitiativen, Friedens- und Anti-AKW-Demos, Bioläden und die Frauenbewegung wurde stärker. In den 70er- und 80er-Jahren machten Grzimek, Sielmann und Stern auf viele Missstände im Umgang mit der Natur aufmerksam. Öko-Parteien wurden gegründet.

Nach einem Abschwung nach der Wiedervereinigung kam es nach der Jahrtauendwende zu einem stabilen Aufschwung. Mehr wurden die Mitglieder der Naturschutzverbände, Biobauern und Bioesser, Mitglieder und Wähler der Grünen. Es wurde in Kleingruppen und allein wieder mehr gewandert. Dieser allgemeine Aufschwung hält auch heute noch an.

Bis aus einer Bewusstseinsänderung eine Aktivität entsteht, dauert es manchmal einige Zeit, was man an dem erst 2009 beginnenden Mehrwerden der Imker erkennen kann.

2021 gab es in Hessen kapp 12.000 Imker. 2009 gab es den Film „More than Honey“, der sehr krass den Unterschied zwischen der industriellen Bienenhaltung in USA und die das natürliche Gemeinschaftsleben der Bienen berücksichtigende Haltung in Europa zeigt. Das alte Bewusstsein, in der Gesellschaft soll die jeweils höhere Schicht die darunter liegende beherrschen und am untersten Ende steht die Natur, ändert sich immer mehr in Richtung hin zu mehr Gleichheit zwischen den Menschen und einer anzustrebende Harmonie zwischen allen Menschen und der Natur.

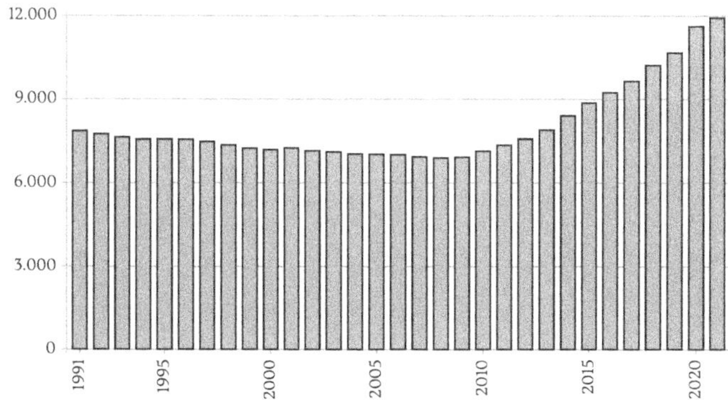

Entwicklung der Imkerei in Hessen 1991 - 2021, Quelle: Deutscher Imkerbund e. V. in Wachtberg

7. Lebensgemeinschaft der Naturschützer

Die Naturschützer dürften die gesellschaftliche Gruppe sein, die am dichtesten am Leben im Einklang mit der Natur ist. Wenn sie ein lebenslanges Programm hätten, dann würde das ihre Effizienz und den Zusammenhalt der Mitglieder steigern. Das ist möglich. Die Gruppe der bis zu Sechsjährigen kann mit ihren Eltern an Festen und anderen Veranstaltungen teilnehmen, wobei die Eltern die Hauptverantwor-

tung für das Wohl der Kleinen hätten, je älter die jedoch werden, umso weniger. Außerdem gibt es für diese Altersgruppe noch die Waldkindergärten und Initiativen bei denen Eltern mit Kindern gemeinsam z. B. einen Garten anlegen. Bis zur auslaufenden Jugend kommen sie dann in die Kinder- und Jugendgruppen. Danach können sie Gruppenleiter werden oder die Gruppen bei bestimmten Aktivitäten unterstützen, z. B. beim Basteln, Singen, dem Bau von Nistkästen oder anderen Tätigkeiten, welche die Kids nicht allein schaffen.

Dazu kann dann noch ein Garten und etwas Nutztierhaltung kommen, wozu Hühner, Bienen, Schafe und Ziegen wohl am besten geeignet sind. Die Unterscheidung zwischen Nutz- und Haustier sollte kleiner werden. Die Nutztiere verdienen eine liebevolle Behandlung und sollen nicht nur der Landschaftspflege dienen und eine kleine Alternative zur Massentierhaltung darstellen. Dass sie Eier und Honig, evtl. auch Milch, Fleisch und Wolle bringen, erhöht ihren Wert gegenüber Katzen und Hunden, welche auf die Natur eine eher negative Wirkung haben.

Schwerpunkt für die meisten Lebensgemeinschaften der Naturschützer werden wohl bleiben: Exkursionen, Arbeitseinsätze, Feste und Gespräche. So können die erwachsenen Naturfans etliches für die Natur schaffen, das natürliche Gleichgewicht stärken und einiges für Erholung Suchende tun, die sich an den schönen, artenreichen Plätzen ihres Wirkens erfreuen. Sie können Gemeinschaft praktizieren und sich gegenseitig helfen, ein Leben im Einklang mit der Natur zu führen.

Teil 2
Entwicklungen der Wühlmäuse

8. Einleitung

8.1 Die Wühlmäuse

Vor 27 Jahren brachten mir vier Kinder eine Blindschleiche. Ihnen gefiel mein Natur-, Fress- und Spielgarten. Sie kamen wieder. Schnell gab es erst monatliche, dann bald wöchentliche Treffen. Zehn Jahre lang blieb es eine Gruppe. Danach begann eine rasche Entwicklung. Der Schwerpunkt blieb aber bei Kindern und Jugendlichen. Heute sind es 15 Untergruppen für Naturliebhaber jeden Alters. Wenn sich eine neue Gruppe nach Wochen oder Monaten gefestigt hat, gibt sie sich einen Namen. Derzeit gibt es Hermeline, Feuersalamander, Eichhörnchen, Füchse, Eisvögel und die Krassen Krähen. Außerdem Gruppen und Initiativen für unsere Schafe, Hühner und Bienen, Kräutergarten, Hortusgarten, die Tischlein-deck-dich- und die Paddel-Gruppe. Außerdem die Gesprächsrunde „Edimo", die nach den Anfangsbuchstaben von Erster Dienstag im Monat benannt ist. Hier werden Wühlmausprobleme besprochen und immer häufiger Refe-

renten eingeladen.
Das Tischlein-deck-dich-Projekt ist eine Initiative von Uli Steinmetz zur Verwertung von Ernteüberschüssen. Im Rahmen der Initiative werden auch Marmeladen, Honig, Kräutertees und Nistkästen verkauft. Vom Erlös geht eine Hälfte in die Wühlmauskasse, die andere Hälfte in ein Entwicklungsland. Zweimal wurde an eine Suppenküche in Somalia, dann an Projekte im Tschad und in Papua-Neuguinea und einmal für ein Aufforstungsprojekt in Bolivien gespendet. Bei allen Projekten kannten wir jeweils eine Person, die schon in dem Land war und das bezuschusste Projekt kannte.
Im Kräutergarten wachsen jetzt 100 verschiedene Kräuterarten, die nach ihrer Wirkungsweise in Gruppen zusammengefasst sind. Es gibt z. B. Abteilungen für Herz, Leber und Magen. So kann jeder für sein persönliches Wehwehchen das richtige Kräutlein finden. Der Kräutergarten wird von der Kräuterhexe Rita betreut, die das Kunstwerk ständig erneuert und verbessert.
Der Hortusgarten besteht aus drei Teilen: Einem Nutzgarten für Gemüse und Obst, einem Naturgarten, in dem möglichst viele verschiedene Elemente angelegt werden, die das Leben wilder Pflanzen und Tiere fördern und als letztes einem Übergangsbereich.
Ein Grund für das Wachsen der kleinen Gruppe ist ihre doppelte Basis: Natur erleben und die Förderung

der Artenvielfalt. Das Naturerleben besteht aus Streifzügen durch die Natur bei Tag und Nacht, Gelände- und anderen Spielen, Lagerfeuern, Zeltlagern, Tierbeobachtung, der Suche nach Essbarem in der Natur, dem Zubereiten und essen, Rad-, Paddel- und Überlebenstouren. Außerdem kann bei der Betreuung der Schafe, Hühner und Bienen geholfen werden. Naturerlebnisse sollen bei Kindern, Jugendlichen und Erwachsenen eine positive Einstellung zur Natur fördern. Natur ist nicht gefährlich, sondern etwas Vertrautes. Hier kann man viel erleben. Sie bringt Freude, Gesundheit und hilft, sich von unnötigen Konsumzwängen zu lösen. Außerdem sollen die vielen gemeinsamen Erlebnisse den Aufbau dauerhafter Freundschaften fördern und den Gruppenzusammenhalt stärken, was die Arbeit für die Artenvielfalt lockerer, leichter und angenehmer macht. Dass die Teilnehmer dabei auch noch einige Arten- und Naturkenntnisse erwerben, ist auch gut.

Die Wühlmäuse arbeiten eng mit dem NABU (Naturschutzbund) zusammen. Das erlaubt ihnen, unnötigen Bürokratismus zu vermeiden. Als sie z. B. Schafe als Landschaftspfleger anschaffen wollten, merkten sie, dass das ein Verein besser kann als ein Spontihaufen. Jetzt werden die Schafe von einer eigenen Schafgruppe betreut, die vom NABU und den Wühlmäusen unterstützt wird.

Ziel bei den Wühlmäusen ist nicht, dass Kinder in Watte gepackt vor allen Gefahren und Schwierigkeiten des Lebens geschützt werden. Die Kinder und Jugendlichen sollen selbst Erfahrungen sammeln, Gefahren einschätzen können. Es sollen sich lebensstarke Persönlichkeiten entwickeln, die auch schwierige Situationen meistern können. Außerdem sollen sie ein positives Verhältnis zur Natur entwickeln und erfahren, dass man ohne dicken Konsum, ja sogar bzw. gerade durch Konsumverzicht, tolle Erlebnisse haben kann.

Eine Besonderheit bei den Wühlern sind die Überlebenstouren. Mit Kohten, Schlafsäcken, einem Kochtopf, Streichhölzern und einer leeren Trinkflasche zogen wir los. Wasser gibt es in Brünnchen, kleinen Gebirgsbächen und auf Friedhöfen. Essen wurde nicht mitgenommen. Bei der ersten Tour fanden wir ein abgeerntetes Kartoffelfeld, auf dem noch genügend Kartoffeln lagen. Bei der zweiten Tour beschlossen wir, dass es abends wieder Pellkartoffeln gibt. Aber bis zum späten Nachmittag fanden wir keine. Wir diskutierten, ob es an der Bergstraße, im Ried oder im Odenwald mehr Kartoffeln gibt und entschieden uns für den Odenwald. Zuerst wanderten wir durch einen großen Wald. Dann sahen wir endlich ein Dorf. Da gab es aber keinen Ackerbau, sondern nur Viehzucht. Weil es schon dämmerig war, suchten wir eilig ein paar

Pilze. Es waren nicht die besten Sorten. Sie wurden in Wasser gekocht. Das gab ungefähr zwei Hände voll Pilzsuppe. Alle zehn Teilnehmer wurden satt. Zumindest sagten sie nach einem Löffel, sie hätten genug. Am nächsten Morgen hatten vier eine Pilzvergiftung. Drei habe ich mit schamanischem Geschick gesund geredet. Mein Hauptargument war, dass ich am meisten gegessen hatte. Auch der Vierte ist nicht gestorben. Nachdem er daheim bei seiner Mutter ein Stück Brot gegessen hatte, war auch er wieder geheilt. Bei späteren Überlebenstouren nahmen wir Zutaten mit: Öl, Salz, Essig und Wühlmaushonig. So schmecken Salate und Pilze noch besser.

8.2 Gruppenleiter

Gruppen leiten ist für mich mit tiefer Freude verbunden. Es ist immer wieder schön, zu sehen, wie fröhlich und beeindruckt Kinder, Jugendliche und auch Erwachsene oft sind. Wenn ich dann zu mir sagen kann: „Dazu habe ich beigetragen“, ist das jedes Mal eine tiefe Befriedigung. Dazu kommt dann noch, dass diese Fröhlichkeit nicht mit Comics oder anderen billigen Unterhaltern erreicht wurde, sondern verbunden ist mit sinnvoller Beschäftigung, Bewegung und Vielseitigkeit. Dass dabei das Verhältnis zur Natur gestärkt und die Artenvielfalt gefördert wird, Konsumzwänge schwächer werden und Freundschaften wachsen, erhöht den Wert noch mehr.

Die meisten Menschen haben hauptsächlich gleichaltrige Freunde. Diese Freundschaften sind gut. Wenn man kaum andere Freunde hat, dann hat das den Nachteil, dass viele für Angehörige anderer Altersgruppen wenig Verständnis aufbringen. Gruppenleiter lernen mit den Wünschen von Kindern umzugehen, also mit Menschen, die anders sind, andere Einstellungen und Wünsche haben als sie selbst. Das ist auch für ihr späteres Leben gut, denn oft muss man sich mit Menschen auseinandersetzen, die in vielem anders sind als man selbst. Verständnis für deren Andersartigkeit zu haben, hilft da oft weiter.

Eine Spezialistengruppe leiten, ist oft einfach. Das Programm ist klar. Alle spielen ein Instrument oder machen Yoga. Wenn einem Fußballtrainer keine besonderen Übungen einfallen, dann gibt es ein Fußballspiel. Das geht immer. In einer Naturgruppe gibt es kein Normalprogramm. Manche Anregungen kommen von den Mitgliedern. Aber ein Gruppenleiter muss immer wieder neue Impulse in die Gruppe geben. Das macht das Leiten nicht leicht. Ist aber wertvoller, als immer dasselbe machen. Denn vor allem Kinder und Jugendliche sind keine Spezialisten und es ist bereichernd, wenn sie immer wieder etwas Neues

kennen lernen.
Gut ist es, wenn jede Gruppe mehrere Gruleis hat. Grulei ist die Abkürzung für Gruppenleiter und Gruppenleiterinnen. Sie können ihre verschiedenen Fähigkeiten einbringen, sich gegenseitig beraten und wenn einer verhindert ist, muss nicht gleich die Gruppenstunde ausfallen.
Die meisten Jungen und auch Alten neigen dazu, sich vor Anstrengungen zu drücken. Wenn sie aber mit viel körperlicher und geistiger Kraft und Ausdauer etwas geschaffen haben, dann sind sie froh darüber und mit Recht stolz auf ihre Leistung. Aufgabe der Gruppenleiter ist es immer wieder mal die Faulheit der Gruppenmitglieder zu überwinden. Das geht am besten, wenn man Ideen seiner Lieben aufgreift und pur oder in veränderter Form durchführt. Wenn man selbst oder noch besser Gruppenmitglieder mit Mut und Schwung ein Projekt angehen, dann reißt das oft andere mit und es können schöne Ergebnisse erzielt werden.
Leider haben viele potentielle Gruppenleiter Angst vor Verantwortung. „Wenn etwas passiert, dann bin ich schuld ..." Was zwar nicht stimmt, aber vielen Angst macht. Fahrlässigkeit ist nicht strafbar und grob fahrlässig handelt kein normaler Mensch. Wir leben in einem guten Rechtsstaat. Wenn ein Gruppenleiter wegen einer Tat betraft wird, die jedem passieren

kann, dann stellen ganz viele Gruppenleiter ihre ehrenamtliche Tätigkeit ein. Der Schaden wäre riesig. Das wissen auch unsere Richter. Sie haben in der Vergangenheit kein solches Urteil gefällt und werden es auch in Zukunft nicht tun.
Wenn jemand ablehnt, in ein Gruppenleiterteam einzusteigen und deshalb eine Gruppe stirbt oder gar nicht erst zu existieren beginnt, dann ist ein viel größerer Schaden entstanden, als wenn sich ein Kind mit einer Handsäge verletzt oder bis zum Bauch in einem kalten Teich steht. Trotzdem ist Gruppenleitung nichts für Ängstliche. Ein bisschen Mut und Lebensfreude sollte jeder Grulei mitbringen.
Es gibt Gruppen, die Gruleis nur bis zu einem Alter von 25 Jahren akzeptieren. Diese Jugendlichen seien spontaner, machten mehr mit und seien weniger ängstlich als Erwachsene. Außerdem hatten sie die Kinderwünsche kürzlich noch selbst. Oft haben sie diese Wünsche auch aktuell noch. Diese Argumente sind nicht falsch, aber übertrieben. Viele Erwachsene haben noch einiges von den oben erwähnten Eigenschaften. Außerdem bereiten sie häufig mehr Programm vor als Jugendliche. Viele Jugendliche verlassen nach dem Abitur ihren Wohnort und fallen dann als Gruppenleiter aus. Ich bekomme mit meinen über 80 Jahren noch so viel Zeichen von Anerkennung, dass ich meine, es sei nicht einfach Einbildung, dass ich als

Grulei mindestens partiell noch anerkannt bin. Ich kenne Dreißigjährige, die schon ziemlich verkalkt sind und andere wesentlich ältere, die sich noch gut in das Denken und Fühlen von Kindern hineinversetzen können. Weibliche Gruleis sind einfühlsamer, männliche können die Rauflust besser befriedigen. Das sind feine Unterschiede, die ich für nicht besonders wichtig halte. Altersmäßige und geschlechtlich gemischte Grulei-Teams halte ich für gut. Aber viel wichtiger als so eine Mischung ist, dass das Team harmoniert und die Gruleis ohne viele Worte Entscheidungen treffen können, in die möglichst auch die Gruppenmitglieder einbezogen werden. Die Gruleis sollen authentisch sein, d. h. keine großen Moralpredigten halten, sondern das, was sie sagen, auch vorleben.

Eine besondere Form von doppelter Gruppenleitung wird bei der Waldjugend praktiziert. Da gehört zu jeder Gruppe ein Gruppenleiter und ein Forstpate, der Waldwissen mitbringt und Projekte im Wald anregt und begleitet. Bei uns gibt es sehr fähige Gruppenleiter, die kein großes Naturwissen haben. Wenn solche Gruppen einen Artenvielfaltsförderer hätten, würde er oder sie das Gruppenleben bereichern und für die Artenvielfalt wäre es auch gut. Artenvielfaltsförderer ist leider ein schrecklich langes Wort. Vielleicht findet sich ein griffigeres, wie z. B. Artenfreak oder Biopate.

9. Projekte

Bei den nun folgenden Projekten kam die Grundidee meist von mir. Bei der Realisierung wurden sie von den Wühlmäusen, manchmal auch von anderen Naturliebhabern verfeinert. Sie zeigen, dass man auch ohne große Labore und Wissenschaftlerteams Neues in der Natur entdecken und entwickeln kann. Beobachten, Fantasie spielen lassen, Gespräche und Ausprobieren führten zu Fehlentwicklungen, aber auch zu etlichen brauchbaren Ergebnissen.

9.1 Labkrautwickel

Ohrwürmer fressen nachts Blattläuse. Am Tag wollen sie einen dunklen Hohlraum mit beiderseitigem Körperkontakt. Das kann man ihnen bieten mit Hilfe von umgedrehten Tonblumentöpfen, in die vorher Holzspäne, Stroh und ähnliches gefüllt wurde. Genauso gut sind Wickel aus Klettenlabkraut. Das Labkraut funktioniert ähnlich einem Klettverschluss. Mit gebogenen festen Härchen hält es sich, ähnlich wie bei Schlingpflanzen, an anderen Pflanzen fest und nutzt sie so als Stütze. Wenn man das Labkraut mehrlagig um einen Ast schlingt, entsteht ein stabiler Wickel, der gern von Ohrwürmern angenommen wird. Das essbare Klettenlabkraut ist eine häufige Pflanze, die humosen

Boden im Halbschatten liebt. Ich habe einmal einen sehr großen Wickel an einem Pfirsichbaum angebracht, in dem dann ein Zaunkönig sein Nest baute und Junge aufzog. Das war nicht geplant, aber gut und zeigt, dass in unserer Natur stabile Hohlräume fehlen.

9.2 Rinnenbeet

Es war wohl in den 70er-Jahren des vorigen Jahrhunderts, als ich von Hügelbeeten erfuhr, die sehr gelobt wurden. Über einem kleinen Reisigkern werden organisches Material, Grassoden und Erde so angeordnet, dass ein langgezogener Hügel entsteht. Mehreres gefiel mir am Hügelbeet nicht. Es wurde zu wenig Holz verwendet. Ich wollte durch Wasen abstechen meine Wiese nicht schädigen und bei der Form meinte ich, zu viel gießen zu müssen. Das Hügelbeet ähnelt einem langgezogenen Ameisenhaufen, der so gebaut ist, damit es innen trocken bleibt. Jeder Garten leidet mehr oder weniger unter Nährstoffmangel. Holz ist ein wertvoller Dünger, der aber sowohl auf Beeten als auch in Komposthäufen stört. Rinnenbeete werden nur äußerlich bearbeitet, deshalb stört Holz nicht. Es kann alles im Garten anfallende Holz, außer armstarken frischen Obstbaumästen verwendet werden.
Aufbau eines Rinnenbeetes: Als Basisbreite haben

sich ein bis 1,20 Meter bewährt. Wer lange Arme hat, kann auch breiter bauen, dann ist es noch leichter, die notwendige Höhe zu erreichen. Direkt auf die Erde oder in eine leichte Vertiefung wird Reisig und anderes Holz gelegt. Diese Schicht kann gern einen Meter hoch sein, da sie später vom Gewicht der darüber gelegenen Materialien zusammengedrückt wird. Das Holz bringt Luft ins Innere des Beetes und wird später zu Dünger. Nach Möglichkeit soll schon jetzt in der Mitte eine kleine Vertiefung entstehen. Außen kann man einige

AUFBAU EINES RINNENBEETES

senkrecht oder leicht nach innen geneigten Stängelchen in der Erde verankern, die das Reisig und das weitere Material zusammenhalten. Auf das Holz kommen dicke Schichten Laub, Gras, Küchenabfälle und anderes organisches Material. Auch Holz kann dabei sein. Zwischen diese Schichten bringt man dünne Erdabdeckungen. Das Rinnenbeet soll mindestens ein Meter hoch werden. Besser sind 1,50 Meter, weil das organische Material beim Verrotten stark an Volumen verliert. Von Anfang an muss darauf geachtet werden, dass in der Mitte eine Rinne entsteht. In den Folgejahren muss sie erhalten bleiben oder immer wieder hergestellt werden, denn in sie Gepflanztes, benötigt nur wenig oder gar kein Gießwasser. In den ersten Jahren werden nur Starkzehrer gepflanzt. Sie vertragen frischen Dung. Das darin enthaltene schädliche Nitrat kommt in die Blätter, nicht in die Früchte. Bewährt haben sich: Kürbis, Zuchini, Gurken, Melonen, Tomaten und Andenbeeren (Physalis edulis). Nach spätestens acht Jahren ist alles Holz verrottet. Entstanden ist ein Beet mit guter, nährstoffreicher Gartenerde. Davor hat es vielen Tieren als Tag- und Überwinterungsversteck gedient. In unseren gut aufgeräumten Gärten fehlen stabile Hohlräume. In einem frisch angelegten Rinnenbeet gibt es viele. Ein besonderer Nutznießer ist der Rosenkäfer, dessen Larven von verrottendem Holz leben und damit die Versetzung fördern. Leider

sind sie leicht mit den Engerlingen des Maikäfers zu verwechseln, die aber lebende Wurzeln als Nahrung brauchen und deshalb in anderen Biotopen leben.
Mein Freund Hans Eubeler hat die Rinnenbeete weiterentwickelt. Er hat acht Beete und legt jedes Jahr eines wieder frisch an. In die Mitte der Beete platziert er dicke Pfosten zur Stabilisierung des Aufbaus. Nach zwei bis drei Jahren entfernt er sie und bringt so mehr Sauerstoff ins Beetinnere. Er lässt seine Beete von Süden nach Norden ansteigen, damit mehr Sonne, also mehr Licht und mehr Wärme die Fruchtbarkeit des Rinnenbeetes erhöhen. Bei ihm kommt nur kurz übers Reisig und als Endabdeckung Erde aufs Beet, weil die im Jätgut befindliche ausreichend ist.
Als Vorbereitung von Baumpflanzungen habe ich bis zu einem Meter tiefe Löcher gegraben. Diese wurden mit Reisig gefüllt und dann kam ein hoher Turm aus organischem Material und Erde darauf in der Art, wie oben beschrieben. Kürbis und andere Pflanzen gediehen auf dem Spezialbeet gut. Als dann das oberirdische Material weitgehend verrottet war, pflanzte ich auf zwei dieser Beete Pfirsichbäume. Beide gingen nach ein oder zwei Jahren ein. Der Grund ist folgender: Beim Verrotten entsteht Methan, das den Wurzeln schadet. Weil das Methan bei der beschriebenen Tiefe nicht entweichen kann, lege ich solche Beete nicht mehr an.

9.3 Wurzelburg

In unserer ausgeräumten Landschaft fehlen stabile Hohlräume. Sie werden von vielen Tieren als Verstecke bei Tag, Nacht, Trockenheit, Nässe und im Winter gebraucht. Viele solcher Hohlräume bietet eine Wurzelburg. Sie wird wie folgt gebaut: Zuerst sucht man sich oder schaufelt eine Mulde. In diese kommen Baumstümpfe. Danach werden die großen Löcher mit starken Ästen verkleinert. Dieses Auffüllen wird mit kleineren Ästen und Zweigen fortgeführt. Es sollen aber einige größere Hohlräume bestehen bleiben für Igel, Bilche (Schlafmäuse) und Wiesel. Schließlich wird alles mit einer dicken Laubschicht abgedeckt. Als Schutz vor Verwehungen kann man die Wurzelburg noch mit Ästen oder etwas Erde abdecken. Wenn in den Folgejahren Laub fehlt, dann kann nachgeschüttet werden. Eine weitere Pflege ist nicht notwendig.

9.4 Turm der Tiere

Vorgeschichte:
Der zahlenmäßige Einbruch bei Insekten und anderen Kleintieren ist das größte Artensterben in Europa seit der Eiszeit. Hauptsächlich Solitärbienen, Hummeln, Schmetterlinge, Schwebfliegen und andere Fluginsek-

ten werden immer weniger. 80 Prozent von ihnen sind in Naturschutzgebieten bereits verschwunden (Krefelder Studie). In anderen Gebieten sind es noch mehr. Ein weiterer Beleg für den Insektenverlust ist, dass ältere und auch mittelalte Autofahrer wissen, dass früher vielmehr Insekten an den Windschutzscheiben hingen als heute. Manche Insektenarten wurden kaum weniger, andere dafür aber umso mehr. Insekten sind schwer zu zählen. So fliegen manche Solitärbienen nur vier Wochen im Jahr. Die übrigen elf Monate verbringen sie als Ei, Larve und Puppe. In den vier Wochen Flugzeit müssen die wenigen übrig gebliebenen bei gutem Flugwetter gefunden werden. Das gelingt nicht immer. Wenn so eine Biene ein, zwei oder zehn Jahre nicht gesichtet wurde, bedeutet das nicht, dass sie verschwunden ist. Sie befand sich vielleicht nur unterhalb der Nachweisgrenze. Deshalb kann man erst nach vielen erfolglosen Suchjahren behaupten, das Insekt sei ausgestorben und niemand weiß, wie viel Insekten bereits lokal oder total ausgerottet wurden. Es nützt nichts, wenn wir mit den Gegenmaßnahmen erst dann anfangen, wenn wir Gewissheit haben. Anfangen müssen wir jetzt.

Da können sehr viele etwas tun: Der Gesetzgeber, Landwirte, Landschaftsplaner, Förster, Gärtner und Kleingärtner. Sogar für Balkonkästen gibt es spezielle Mischungen, die sowohl Nektar und Pollen bringen als auch schön aussehen. Dass man auch auf kleinem Raum etwas für Insekten und andere Tiere tun kann, war eine Herausforderung für die „Wühlmäuse". Das Ergebnis ist ein Turm, der eine Grundfläche von einem Quadratmeter und eine Höhe von 2,60 Metern hat. Über, in und unter ihm befinden sich 25 verschiedene Verstecke, von denen die meisten von mehreren Tierarten genutzt werden können.

Die Elemente des Turms:
Das Gerüst des Turmes besteht aus 2,5 Zentimeter starken Brettern. An die zwei Senkrechten werden die einzelnen Fächer aus waagrechten und senkrechten Brettern befestigt. Dieses Turmskelett kam auf große Steine und wurde an einen toten Birnbaum geschraubt.
Die meisten Solitärbienen mögen es sonnig und warm. Deshalb werden auf der Südseite des Tierhochhauses Schilfstängel und Löcher in Hartholz angeboten, die einen Durchmesser von zwei bis zehn Millimetern haben. Außerdem gibt es noch zwei große und zwei kleine Lehmfächer, sowie zwei Stück morsches Holz für Bienen, die ihre Röhren selbst graben oder knabbern möchten. Letzteres ist für die große, schwarze Holzbiene gedacht. Außerdem befindet sich noch ein Meisenkasten mit Flugloch auf der Stirnseite des Stämmchens und ein Fach mit Stroh, Laub, Heu,

AUFBAU TURM DER TIERE

DIE ELEMENTE DES TURMS

1. Löcher in Holz, 2 - 10 mm Durchmesser
1a. wie oben, aber Löcher in der Stirnseite
2. Schilfhalme und andere hohle, runde Pflanzenstängel
3. Lehm, z. T. mit Löchern
4. Schneckenhäuser
5. Morsches Holz zum Selbstbohren für Holzbiene
6 - 10. Stroh, Laub, Heu, Zapfen + Wellpappe
11. Rinde
12. Meisenkasten
13. Überwinterungskasten für Kleinsäuger, gefüllt und umgeben mit trockenem Laub
14. Steine
15. Trockener Sand unter überhängenden Steinen
16. Überwinterungshohlraum (Schlitze 5 mm breit)
17. Spatzenhaus
18. Hummelkasten
19. Kiefernrinde mit 3 Brutangeboten
20. Hohler Stamm mit Einflug unten
21. Birnbaumrest als Stütze des Turmes
22. Zaunkönigkugel
23. Lehm
24. Vogeltränke und Badeplatz
25. An 2 Stangen Nistkästen

DIE TIERE DES TURMS

1 - 5. Solitärbienen
6 - 11. Marienkäfer, Florfliegen, Ohrwürmer und Spinnen
12. Meisen und andere Kleinvögel
13. Igel und Siebenschläfer
14. Amphibien + Reptilien
15. Ameisenlöwen
16. Schmetterlinge
17. Spatzen + Gartenrotschwänze

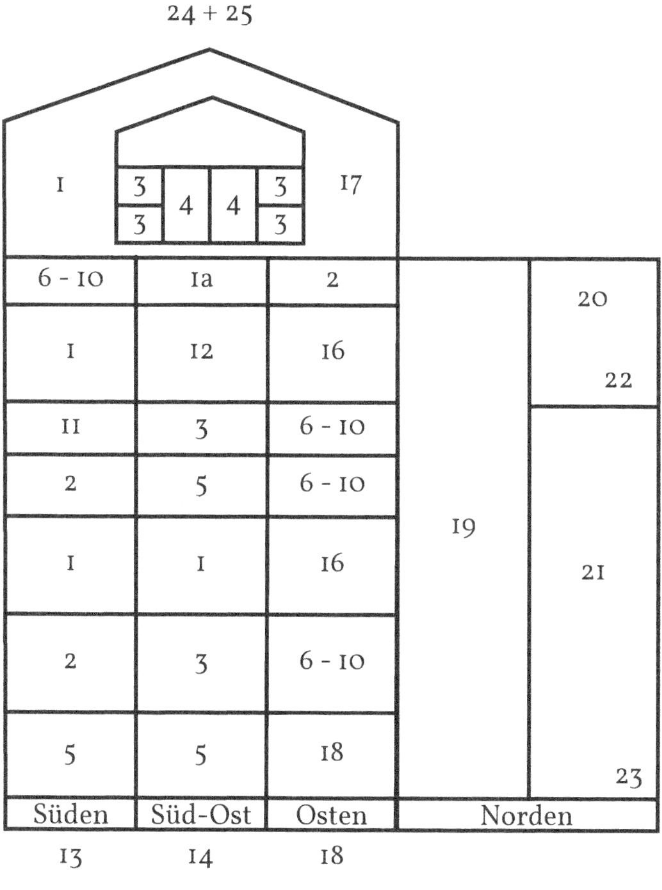

18. Hummeln
19. Baumläufer
20. Fledermäuse, Hornissen + Wespen
22. Zaunkönig
23. Erdbienen
24. Vögel + Insekten
25. Stare und Gartenrotschwänze

Holzwolle und Fichtenzapfen für die Überwinterung von Marienkäfern, Florfliegen, Ohrwürmern, weiteren Insekten und Spinnen. Unterteilt sind die Materialien von Wellpappe, deren Löcher auch genutzt werden. In zwei der oberen, kleinen Fächer liegen Schneckenhäuser für eine Bienenart, die diese für ihren Nachwuchs haben will.

Auf der Süd-Ost-Seite gibt es zwei leere Fächer für Schmetterlinge mit 0,5 Zentimeter breiten Schlitzen in der Vorderwand. Darüber und darunter sind Kiefernzapfen und Holzwolle für überwinternde Kleintiere.

An der Basis des Turms befindet sich ein Überwinterungskasten für Kleinsäuger (Igel und Siebenschläfer). Er ist gefüllt und umgeben von trockenem Laub und hat zum Trocken halten zwei übereinander liegende und mit Dachpappe gedeckte Dächer.

Daneben liegen viele große Steine als Versteck für Amphibien und Reptilien. Davor und unter zwei überhängenden Steinen befindet sich trockener Sand für Ameisenlöwen.

Auf der Nord-Ost-Seite schließt sich an den Stamm eine Schräge aus Lehm, Sand und Stroh an. Sie ist gedacht für die Solitärbienenart, die in den Jahren 2015 und 2016 als Kolonie 64 Löcher in unseren Lehmbackofen bohrte.

Einen Teil unseres Tierpalastes haben wir mit senkrecht angebrachten großen Kiefern-Rindenstücken bedeckt, so dass drei zweiseitig zu begehende Hohlräume entstanden sind, so wie sie der Baumläufer gern zum Brüten benutzt.

9.5 Teich mit Regenfänger

Es gibt sehr viele Landbiotope, die gut für Amphibien geeignet sind. Trotzdem findet man sie dort nicht, weil ein Laichgewässer fehlt. Am besten sind natürlich Teiche mit Grundwasseranschluss. Wo es solche Stellen nicht gibt, werden Folienteiche von den Lurchen gern angenommen. Wenn so ein Teich von Wasserentnahmestellen weit entfernt ist, kann er im Sommer leicht austrocknen. Da haben sich Regenfänger bewährt.

Bau eines Regenfängers:
Oberhalb des Teiches wird eine etwa gleich große Folie ausgelegt, deren unteres Ende auf der Folie des Teiches liegt. Darauf wird eine etwa fünf Zentimeter dicke Sandschicht gelegt, die mit Fetthennen (Sedum) und anderen wasserspeichernden oder flach wurzelnden Trockenlandgewächsen bepflanzt wird. Bei Gewitter und anderen Starkregen dringt Wasser durch den Sand auf die Folie und fließt in den Teich.
Die Regenfänger ermöglichen den Bau von Teichen an

sonst schwer zu erschließenden Stellen. Teiche erhöhen die Artenvielfalt eines Gebietes, denn sie sind Laichgewässer für Amphibien, aber auch Lebensraum für Libellen, Rückenschwimmer, Wasserkäfer und andere Insekten. Vögel und Fledermäuse können hier trinken und baden. Über all diese Tiere hat der Teich große Auswirkungen auf seine Umgebung.

9.6 Krötenhöhle

Vor Jahren rief mich eine Frau an, die seit vielen Jahren in einem feuchten Kellereingang Besuch von etlichen Erdkröten hatte. Sie zog aus und wollte ein neues Zuhause für ihre Geliebten. Ich grub auf der Nordseite meines Hauses, wo nie die Sonne hin scheint, ein etwa 60 Zentimeter tiefes schräges Loch und kleidete es mit großen Steinen aus. So entstand eine schräge Höhle mit vielen Nischen zwischen den Steinen. In den Eingang setzte ich die Kröten, die langsam in ihr neues zu Hause wanderten. Hineinsehen kann ich leider nicht. Einmal sah ich an einem feuchten Abend eine Kröte vor der „Tür" und seitdem habe ich jedes Jahr Krötenlaich in meinem Gartenteich.

9.7 Fuchs an der Schnur

Ich habe einmal eine Wurst an eine Schnur gebunden. Die Schnur zog ich über ein dreibeiniges Stangengestell und dann habe ich sie in 30 Meter Entfernung durch ein gekipptes Fenster in mein Schlafzimmer gelegt. Da habe ich sie mir ans Bein gebunden und bin eingeschlafen. Ungefähr um zwei Uhr wachte ich auf, wegen eines Ziehens am Bein. Ich zog. Der Fuchs zog. So haben wir eine Weile gerangelt, bis das Holzgestell umfiel und das Fenster lautstark zuklappte. Am nächsten Tag schaute ich nach. Die Wurst war weg und ich wiederholte das Ganze. Aber der Fuchs biss nicht mehr an. Das Ganze war ihm wohl doch zu laut gewesen. Aber das Gerangel mit dem Fuchs ist mir doch in guter Erinnerung geblieben.

9.8 Inselbiotope

9.8.1 Der Feuchtwald

Inselbiotope sind Lebensräume um die herum andere Lebensbedingungen herrschen, weshalb keine oder fast keine Pflanzen einwandern können. Wer z. B. einen Teich anlegt und darauf wartet, dass aus der Umgebung Wasserpflanzen zum Teich kommen, der wird vergeblich warten, denn um den Teich herum wachsen nur ungeeignete Gewächse. Anders ist das bei manchen Tieren. Schmetterlinge wie Admiral, Distelfalter, Postillion und Taubenschwänzchen kommen aus dem Mittelmeerraum zu uns. Sie fliegen weit umher und haben auch kein Problem mit dem Finden isolierter Inselbiotope. In zwei parallel laufenden Tälchen fand ich je einen feuchten Bereich. In den ersten pflanzte ich fünf Bärlauchpflänzchen. Nach sechs Jahren habe ich im inneren Bereich des Vorkommens die ersten Blätter geerntet. Die Stelle aber geheim gehalten. Nach 15 Jahren gab ich die Geheimhaltung auf. Seitdem habe ich viele Mitesser. Trotzdem breitet sich das Vorkommen weiter aus. Neue Pflanzen wachsen meist dicht neben den alten. Manchmal beträgt der Abstand bis zu fünf Meter, sehr selten mehr. In diesen Fällen werden die Samen wohl von Ameisen oder anderen Tieren ein Stück getragen. Außerdem brachte ich drei Pflanzen Wolligen Hahnenfuß (Ranunculus lanuginosus) in das Tal und schützte die Pflanzen durch Einreiben mit Speck, sowie mit Hunde- und Menschenhaaren gegen Wildverbiss, bis es zehn Pflanzen waren. Dann stellte ich den Schutz ein. Nach drei Jahren war der Wollige Hahnenfuß verschwunden. Wegen des hohen Rehwildbestandes kann diese Pflanze hier nicht wachsen.

Als ich das zweite Tälchen entdeckte, wuchsen dort

Erlen, Salweiden, Einbeeren und eine Alpenjohannisbeere. 2016 pflanzten die Wühlmäuse Märzenbecher ins Tal. In den folgenden Jahren hatten sie 15, 43, 41, 36, 39 und 50 Blüten. Der leichte Rückgang hatte wohl zwei Ursachen: Es waren sehr trockene Jahre und Wildschweine waren in dem Gebiet aktiv und haben etliche Pflanzen vernichtet. Neben vielen Altpflanzen wachsen Jungpflanzen. Deshalb sehne ich in freudiger Erwartung die nächsten Jahre herbei, um zu sehen, wie sich der Bestand weiterentwickelt. Außerdem pflanzten und säten die Wühlmäuse noch: Hohlen Lerchensporn, Schneeglöckchen, Wildkrokusse, Waldschlüsselblume, Nieswurz, Blaustern, Gelbes Windröschen und die Wildformen von Stachel- und Schwarzer Johannisbeere. Jetzt sind die Wühler gespannt darauf zu erfahren, welche dieser Pflanzen sich vermehren.

9.8.2 Trockenwald

Im Wald über dem Bergstraßenhang befinden sich viele sehr trockene Stellen. Manche sind so nährstoff- und wasserarm, dass dort keine einzige Pflanze wächst. Ein so extrem trockenes Waldstück befindet sich in der Nähe der blühenden Kurve, der Krasse-Krähen-Kurve. In den nächsten Jahren wollen die Wühlmäuse dieses Waldstück mit Dünen- und anderen Trockenlandpflanzen bereichern. In den Randbereichen müssen einige dieser Pflanzen außer dem Wasser- und Nährstoffmangel auch noch mit wenig Licht auskommen. Ich bin gespannt zu sehen, welche Pflanzen für diesen besonderen Standort geeignet sind. Wenn es gelingt, diesen trockenen Bereich zu begrünen, dann geben die Pflanzen dem Boden Wind- und Sonnenschutz. Das würde auch den dort wachsenden Bäumen guttun.

9.8.3 Hühnerfreigehege

Die Wühlmäuse haben ein paar Hühner, die in einem großen Freigehege leben. Da konnte ich beobachten, dass die Hühner Gras aber keine Blumen fressen. Sie mögen sehr gerne Kopfsalat und nicht ganz so gern Kohlrabiblätter. Auch eine Jostabeere, die früher im Gehege stand, wurde entlaubt. Aber die Wildblumen werden nicht nur verschont, sondern sogar von den Hühnern gepflegt, in dem sie die Lichtkonkurrenten, die Gräser, klein halten. Ob alle Hühner, wie unsere mischrassigen so hervorragend selektieren, weiß ich nicht. Ich habe 56 Arten, Bäume, Sträucher und Blumen gezählt, die jetzt, in dem zehn Jahre alten Gehege wachsen. Darunter sind Johanniskraut, Kratzdistel, Wiesenschlüsselblume, Thymian und Ausdauernder Lein. Die hinein gepflanzten Traubenhyazinthen

leben auch noch.
Seit einem Jahr haben wir keine Verluste mehr durch Fuchs und Habicht. Unsere Schutzmaßnahmen: Der Bauwagen hat eine Klappe, die nach Helligkeit öffnet und schließt. Hühner gehen sehr früh schlafen. Wenn die Klappe schließt, waren bisher immer alle Hühner im Bauwagen. Das Gehege wird von einem Elektrozaun umgeben. Aufgehängte CDs und eine Spiegelkugel sollen den Habicht irritieren. Außerdem haben wir fünf Reisig-Iglus. Das sind aus dünnen Ästen geformte kleine Häuschen. Darin können die Hühner schnell Schutz finden. Pro Huhn sind 30 bis 40 Quadratmeter Gehege nötig, damit immer genug Gras darin wächst. Der Plan ist, jetzt seltene Wildblumen ins Gehege zu pflanzen und damit dem Schutz der Hühner zu übergeben.
Um ein Inselbiotop herum herrschen andere Lebensbedingungen als im Biotop. Meistens sind es Licht, Wasser oder Nährstoffe, die unterschiedlich verteilt sind oder wie beim Hühnerfreigehege eine andere Pflege. Weil von außen schlecht Pflanzen einwandern können, sind diese Gebiete besonders stark auf menschliche Hilfe angewiesen.

9.9 Idealstandorte von Pflanzen

Es ist etwa das gleiche Vorgehen wie bei den Inselbiotopen. Nur liegt der Fokus nicht auf dem Ort, sondern auf einer bestimmten Pflanzenart. Über Bärlauch und Märzenbecher habe ich berichtet. Das Große Windröschen (Anemone sylvestris) war vor 70 Jahren, als ich an die Bergstraße zog, in den Kiefernaltbeständen der Ebene eine häufige Pflanze. Dann gab es immer mehr Buchenunterbau und die Überdüngung auf den verbliebenen Flächen bewirkte, dass sich Brombeeren, andere Sträucher und Bäume stark vermehrten. Mit dem Regen gelangen pro Jahr und Hektar 60 bis 80 kg Stickstoff in den Boden. Sie stammen aus Verbrennungen. Dadurch wurde der Boden immer schattiger und das Große Windröschen verschwand sowohl im Raum Darmstadt als auch in der Gemarkung Seeheim-Jugenheim völlig. Bevor es verschwunden war, hatte ich mir einige Pflanzen in den Garten geholt und vermehrt. 20 oder 30 Exemplare pflanzte ich an verschiedene Stellen im Wald, wozu mich der lateinische Name Sylvestris (Wald) verführt hatte. Alle lebten nur kurz.

Dann pflanzte ich vier in verschiedenen Abständen vor einen südexponierten Waldrand. Zwei verschwanden nach zwei Jahren. Die dritte hielt sich zehn Jahre ohne nennenswerte Vermehrung und verschwand

dann. Die vierte vermehrte sich durch Wurzelausläufer so stark, dass nach 15 Jahren in einem fünf mal neun Meter großen Gebiet 155 Blüten erstrahlten. Dieses Jahr sind es über 200. Das genaue Zählen wird immer schwieriger, weil man sehr leicht einige Blüten doppelt zählt. Aber über 200 sind es sicher. Das Große Windröschen hat auch kleine Flugsamen, die aber nur sehr selten keimen und sich dann kaum gegen Konkurrenzpflanzen durchsetzen können.
An einer anderen feuchten Stelle pflanzte ich fünf Trichterfarne und entfernte in ihrer Umgebung alle Brennnesseln, bis ich bemerkte, dass sich der Farn durch Wurzelausläufer vermehrt, die Brennnesseln verdrängt und meine Hilfe gar nicht benötigt.
Jetzt suche ich nach Samen und Pflanzen möglichst aus der Umgebung, sowie nach Idealstandorten von seltenen Pflanzen, um auch sie zu vermehren und auszusetzen. So denke ich an Akelei und Küchenschelle, die es früher einmal hier gegeben hat.

9.10 Idealbiotope von Tieren: Die Unkenspontanpfütze

Ähnlich wie Pflanzen benötigen auch manche Tiere ein ganz spezielles Biotop. So lebten Gelbbauchunken früher in Pfützen und Teichen, die bei Überschwemmungen von Flüssen und großen Bächen entstanden. Oft wohl auch in den Suhlbereichen großer Tiere. Später auch in wassergefüllten Wagenspuren. Die Pfützen und Tümpel sollen weitgehend unbewachsen sein, aber im Uferbereich Versteckmöglichkeiten bieten. Im Winter sollen sie austrocknen oder mindestens durchfrieren, damit darin keine Libellenlarven und andere Fressfeinde leben und besonnt sollen sie auch noch sein. Die Wasserfläche muss mindestens einen halben Quadratmeter messen, darf aber auch nicht zu groß sein. Da es solche Laichgewässer kaum noch gibt, sind auch die Gelbbauchunken bei uns weitgehend verschwunden. In der Umgebung meines Gartens gab es ein kleines Unkenrestvorkommen. Deshalb habe ich versucht, drei Idealtümpel zu bauen. Sie sind zwei bis vier Quadratmeter groß, 10 bis 15 Zentimeter tief und mit Lehm ausgekleidet, der ihnen lieber ist als Sand. Im Uferbereich habe ich mit Holz und Steinen Verstecke geschaffen. Am besten waren Schieferbruchstücke, weil man mit ihnen flache waagrechte Verstecke bilden kann. Im letzten Winter habe ich das Wasser nicht abgelassen. Die Unken kamen nicht. Als ich das Wasser später entfernte, fand ich in jedem Teich 30 Libellenlarven. Im Herbst werde ich das Wasser ablassen und hoffe, dass im Frühjahr wieder Unken kommen.

9.11 Fernverbreitung von Pflanzen

Wenn alle Tochterpflanzen dicht bei der Mutterpflanze wachsen, dann behindern sich die Pflanzen gegenseitig und andere geeignete Standorte bleiben ungenutzt. Deshalb haben Pflanzen verschiedene Methoden der Samenverbreitung entwickelt. Weiden und Pappeln haben Fallschirme. Linden, Eschen, Ahörner und alle Nadelbäume außer der Eibe haben Propellersamen. Eichen, Buchen, Esskastanien und Nüsse verlassen sich darauf, dass ihre Früchte von Eichhörnchen, Eichelhähern, Mäusen und anderen Tieren weggetragen und versteckt werden. Die Fallschirme werden sehr weit getragen, die Propeller sehr selten weiter als 50 Meter, während von den Großfrüchten die meisten unter dem Mutterbaum liegen und nur einzelne bis zu 100 Meter weit getragen werden. Wildobst und fast alle Sträucher sind darauf spezialisiert, von Vögeln und anderen Tieren gefressen zu werden und mit dem Kot an fernen Standorten abgelegt zu werden. Das ist meist im nahen Lebensbereich der Fresser, kann aber in Ausnahmefällen kilometerweit weg sein. Bei Krautpflanzen ist die Verbreitung schwieriger. Fallschirmverbreiter, wie der Löwenzahn, haben im freien Gelände gute Chancen. Im Wald in Bodennähe weht aber kaum Wind. Da ist diese Methode nicht so effektiv. Besser sind Klettensamen, wie sie Kletten,

Waldmeister, Hexenkraut und andere haben, die sich an Kleidung und dem Fell von Tieren festhalten und so sehr weit getragen werden können. Einige Pflanzen bilden oberirdische Ausläufer, wie die Erdbeere und der Kriechende Günsel. Andere haben unterirdische Rhizome, z. B. Schwertlilien, Windröschen, Trichter- und Adlerfarn, sowie etliche Gräser. Manche Pflanzen verlassen sich darauf, dass ihre Samen von Insekten, z. B. Ameisen, fortgetragen werden. So habe ich in diesem Frühjahr gemessen, wie weit weg von ihren Mutterpflanzen die Jungpflanzen von Schneeglöckchen, Märzenbechern und Winterlingen wachsen. Es waren maximal 20 Zentimeter. Nur in Ausnahmefällen, da wo viel Laub lag, waren es bis zu zwei Meter. Hier dürften die Ameisen geholfen haben. Bei einer Akelei fand ich 40 Jungpflanzen. Die weiteste befand sich 32 Zentimeter von der Mutterpflanze entfernt. Diese Aufstellung ist nicht vollständig, zeigt aber, dass viele Pflanzen Probleme mit der Fernverbreitung haben. So kenne ich ein einziges Vorkommen des Dipdams. An dieser Stelle ist er aber die häufigste aller Pflanzen.

Unter Botanikern sehr unbeliebt ist ansalben. Damit ist gemeint, dass jemand eine seltene Pflanze irgendwo aussetzt und später behauptet, er hätte ein neues Vorkommen entdeckt. Das Verschweigen, dass es seine Pflanzung ist, finde ich auch nicht gut. Damit aber das Aussetzen generell zu verunglimpfen, lehne ich genauso ab. Wenn aber eine Pflanze umgesiedelt wird, sollten folgende Bedingungen erfüllt sein:

1. Es muss eine einheimische Pflanze sein, die möglichst der näheren Umgebung entnommen wurde. Gewächse, die im Zuge der Klimaerwärmung ihre Verbreitungsgrenze nach Norden verschieben, gelten für mich als einheimisch.
2. Die Population, von der die Pflanzen stammen, darf durch die Entnahme nicht gefährdet sein.
3. Es sollte einigermaßen sicher sein, dass das neue Biotop geeignet ist.
4. Der Vorgang muss von einer Fachkraft begleitet und möglichst auch dokumentiert werden.

Um eine weitere Verarmung unserer Pflanzen- und damit auch unserer Tierwelt zu vermeiden, halte ich das Aussetzen für unbedingt notwendig. Das gilt vor allem für Pflanzen, die Probleme mit der Fernverbreitung haben.

Häufige Arten bekommen oft Krankheiten. Wenn es nur wenige Arten gibt, können diese eher häufig werden und erkranken. Je mehr Pflanzen- und Tierarten in einem Gebiet leben, umso gesünder ist der Gesamtbestand. Auch das biologische Gleichgewicht funktioniert besser, wenn es mehr Arten gibt.

Vor 25 Jahren haben die Wühlmäuse ein rund tausend Quadratmeter großes Waldstück artenreich bepflanzt. Inzwischen sind die Bäume und Sträucher

groß geworden und tragen Früchte und Samen. Das Gebiet zwischen ihnen wurde dabei immer dunkler, weshalb alle Krautpflanzen verschwanden bis auf das Kleine Immergrün, das viel Schatten verträgt und ein paar am Rand stehende Fingerhüte.
Vor etwa zehn Jahren entstand daneben durch Windwurf und Fällung ein helles, wenig bewachsenes Waldstück. In dieses neue Gebiet haben sich folgende Bäume und Sträucher ausgesamt: Drei Ebereschen, zwei Faulbäume, zwei Weißdorn und je ein Schwarzdorn, Heckenkirsche und Schwarzer Hollunder. Alle stehen in einem maximalen Abstand von 20 Metern von ihren Mutterpflanzen entfernt. Nur eine Eberesche schaffte 30 Meter Abstand und ein Faulbaum sogar 70 Meter. Außerdem kamen einige Fingerhüte ins neue Gebiet, die sich munter vermehrten und in der Blütezeit dem ganzen Gebiet ein wunderschönes Aussehen geben. Die Blüten der Fingerhüte werden von vielen Hummeln besucht.
Viele Pflanzen wurden durch Rodung, Ackerbau und Viehzucht in der Jungsteinzeit und vielen späteren Epochen aus ihren Ursprungsstandorten verdrängt. Nur in wenigen Fällen wird man bei seltenen Pflanzen diese Verdrängung jemals beweisen können. Besonders bei kleinen Inselbiotopen kann so ein Verschwinden kaum nachgewiesen werden.
Hier sehe ich ein großes und wichtiges Betätigungsfeld

für Botaniker, festzustellen, wie weit von den jeweiligen Mutterpflanzen Tochterpflanzen zu finden sind. Dabei müsste unterschieden werden, in welcher Entfernung die meisten Tochterpflanzen wachsen, bis zu welcher Entfernung häufig Jungpflanzen auftauchen und wie weit es die Entfernungsrekordhalter schaffen. Da es häufig große Entfernungen sind, müsste auch erkundet werden, wie oft solche Rekordentfernungen erreicht werden. Als Ergebnis einer solchen Studie könnte man sehen, welche Pflanzen besonders stark auf menschliche Hilfe angewiesen sind.

9.12 Kleine Baumschule

Die Wühlmäuse haben eine kleine Baumschule angelegt. Sie ist ungefähr quadratisch und 50 Quadratmeter groß. Umgeben ist sie von einem hohen Reisigwall, der die jungen Pflanzen vor dem Besuch von Rehen und Wildschweinen schützt.
Viele Pflanzen haben im Laufe langer Zeiträume lokale Besonderheiten ausgebildet. Sie sind oft von der Normalform nicht oder nur schwer zu unterscheiden. Aber sie sind an lokale Besonderheiten besonders gut angepasst und manchmal gegen einzelne Krankheiten auffallend stabil. Der gesamte Genpool jeder Pflanzenart sollte erhalten bleiben. Die Herkunft der

Pflanzen in Baumschulen und Gärtnereien ist oft nicht bekannt. Meist kommen sie aus fernen Gebieten. In der kleinen Baumschule der Wühlmäuse werden nur Pflanzen oder Samen der nächsten Umgebung verwendet, wenn das möglich ist. So bildet eine von den Wühlmäusen gepflanzte Elsbeere Wurzelschösslinge. Wenn man sie ausgräbt, findet man eine dickere waagrechte Wurzel und den aus ihr herauswachsenden Trieb. Beide haben fast keine kleinen Wurzeln. Deshalb kommen sie für ein paar Jahre in die kleine Baumschule bevor sie ausgewildert werden.
In der Nähe der Burg Frankenstein gibt es ein kleines Vorkommen der wilden Stachelbeere. Mit Stecklingen und Senkern vermehren wir sie in unserer Baumschule. Nicht nur Bäume und Sträucher werden hier vermehrt, sondern auch Krautpflanzen. Früher gab es hier die Küchenschelle. Bevor das Vorkommen erlosch, holte sich Armin Dressler Pflanzen in seinen Garten. Mit Samen von ihm, die leider schlecht keimen, wird jetzt experimentiert. Bei den Versuchen mit Nieswurz und Gelbem Windröschen sind wir schon etwas weiter. Die ersten Exemplare wurden bereits der freien Natur übergeben. Bei Pflanzen, die es hier nicht oder nicht mehr gibt, akzeptieren wir auch weiter weg liegende Herkunftsgebiete. So haben wir jetzt Dipdam, Akelei, Zwergschwertlilie und Pimpernuss in Pflege. Wir nehmen nur einheimische Pflanzen. Aus-

nahme sind Arten, die im Zuge des Klimawandels aus dem Süden kommend hier einwandern, wie z. B. Pimpernuss, Blasenstrauch und Winterling.
Jetzt wachsen in der kleinen Baumschule Sommerlinden, Spitzahorn, Elsbeeren, Holzapfel, Eiben, Wilde Stachelbeeren, Pimpernüsse, Stechpalmen (Ilex aquifolium), Waldschlüsselblume, Nieswurz, Akelei und Zwergschwertlilie.

9.13 Unseren Wäldern geht es schlecht

Dem deutschen Wald geht es schlecht. Er besteht größtenteils aus altersgleichen Monokulturen. Mit Beginn der Forstwirtschaft vor etwa 300 Jahren wurden Sträucher und Baumarten, die kein Geld bringen, wie Salweiden, Aspen und Birken entfernt. Den regelmäßigen Wechsel zwischen Hochwald, Kahlschlag, stockfinsterer Dickung und wieder Hochwald ließ die verbliebenen Straucharten und die meisten Kräuter aus dem Wald verschwinden. Ohne die zu ihnen gehörenden Pflanzen, Tiere und Pilze sind die dicht stehenden, altersgleichen Bäume nicht maximal widerstandsfähig. Dieses Kunstgebilde wird Trockenheit, Grundwasserabsenkungen, Hitze und Stürmen ausgesetzt. Die geschwächten Bäume werden noch schwächer. Dann kommen Borkenkäfer, auf kranke

Bäume spezialisierte Pilze und andere Schädlinge, die ganze Waldstücke absterben lassen.
Um die Wälder gesunden zu lassen, werden große Waldstücke aus der Nutzung genommen. In ihnen darf nicht mehr gefällt, nichts gepflanzt und auch in keiner anderen Art eingegriffen werden. So soll sich ganz von selbst der „Urwald von morgen" entwickeln. Diese Zielsetzung ist gut. Der Weg aber sehr zweifelhaft. Erstens gab es im nacheiszeitlichen Urwald Wisente, Auerochsen, Wildpferde, Elche und Rothirsche. Wenn ein Baumriese umfiel, entstand eine Lichtung, die von den großen Weidetieren über einen längeren Zeitraum durch Abweiden erhalten blieb. Bevor die Lichtung endgültig zuwuchs, fiel in der Nähe der nächste Baumriese um. So haben die großen Weidetiere den Wald struktur- und artenreich gehalten. Diese großen Weidetiere wird es auch in den Urwäldern von morgen in absehbarer Zeit nicht geben. Stattdessen gibt es sehr viele Rehe. Diese wollen eine abwechslungsreiche Nahrung. Wenn zwischen jungen Buchen wenige Elsbeeren, Weißtannen und Wildrosen stehen, werden die Rehe diese verbeißen, während man an den Buchen keine Verbissschäden entdeckt. So verstärken sie die Artenarmut. Der dritte Grund ist die Forstwirtschaft, die im Laufe der letzten 300 Jahre viel Nutzholz wachsen, unsere Wälder aber sehr artenarm werden ließ. Da außerdem viele Pflanzen Probleme

mit der Fernverbreitung haben, wird so einfach kein Urwald von morgen entstehen. Ein artenreicher Naturwald ist charakterisiert durch alte Bäume und Artenvielfalt. Sein Entstehen erfordert einigen Aufwand, bis er sich selbst erhält.

Dazu ein kleines Gedankenexperiment. Auf einem Hektar Land wird aller Bewuchs beseitigt und dann die Fläche mit einer dünnen Betonschicht überzogen. Danach wartet man 5.000 Jahre, ohne die Entwicklung irgendwie zu beeinflussen. Das Ergebnis wird ein recht ansehnlicher Naturwald sein. Dieses Gedankenexperiment mag vielen sinnlos erscheinen. Aber heute wird oft so gehandelt als hätten wir unendlich viel Zeit. „Wald aus der Nutzung nehmen – Däumchen drehen – und du wirst den Urwald von morgen sehen." Das ist ein Prinzip nach dem leider oft gehandelt wird. Vor vielen Jahren wurde ein großes Stück Bayrischer Wald aus der Nutzung genommen. Ein paar Jahre später hatte der Borkenkäfer fast alle Altbäume absterben lassen. Danach wurde das gleiche Experiment im Nordschwarzwald durchgeführt. Das Ergebnis war das gleiche. Dann war der Harz dran. Vor etwa fünf Jahren fuhr ich mit der Brockenbahn vom Gipfel abwärts und passte genau auf, wann der erste Baum kommt, der keine Fichte ist. Nach etwa zwei Kilometern entdeckte ich eine Eberesche und für mich war klar, dass auch hier der Borkenkäfer bald aktiv wird.

Voriges Jahr sah ich Bilder vom Harz mit riesigen braunen Flächen. Wahrscheinlich werden auf diesen Flächen wieder hauptsächlich Fichten wachsen, weil die Samen anderer Bäume fehlen. Wenn die Fichten dann das richtige Alter erreicht haben, kommt wieder der Borkenkäfer. Dieser Vorgang kann sich mehrmals wiederholen, bis endlich genügend andere Bäume, Sträucher und Blumen eingewandert sind.
Wenn man die Gesundung eines kranken Waldes einfach der Natur überlässt, dann ist das ungefähr das Gleiche, wie wenn man einen kranken Menschen aus dem Krankenhaus entlässt und sagt: „Die Natur wird es schon regeln und ihn gesunden lassen." Ich habe von Fällen gehört, bei denen so ein von Ärzten aufgegebener Mensch wieder gesund wurde. Aber das geschieht äußerst selten und darauf sollte man sich nicht verlassen. Genauso ist das auch bei einem kranken Wald.
In einen Naturwald gehören Artenvielfalt und alte Bäume. Wenn ein Wald, z. B. durch Käferfraß abstirbt, dann fallen die toten Bäume nach etlichen Jahren, in Ausnahmefällen nach wenigen Jahrzehnten um. In so einem Wald gibt es dann überhaupt keine hohlen Bäume. Höhlenbrüter sind aber auf solche Höhlungen angewiesen. Kleiber, Trauerschnäpper, Hohltauben, Dohlen, die meisten Eulenarten und weitere Vogelarten können in solchen Gebieten keinen Nachwuchs aufziehen. Auch Fledermäuse, Bilche und Hornissen

müssen ausziehen. Sogar alle Specht- und Meisenarten müssen außerhalb der Stilllegungsgebiete brüten. Nach der Brut können sie in diese Gebiete zurückkehren. Dann fehlen sie in der Nähe der Brutplätze. So haben die aus der Nutzung genommenen Wälder einen negativen Einfluss auf die umgebenden Waldgebiete.

Künstliche Holzplantagen einfach aus der Nutzung nehmen und darauf hoffen, dass ein „Urwald von morgen" entsteht, kann machen, wer viel Zeit hat. Ähnlich wie beim Gedankenexperiment mit dem Betonwald. Oft höre ich das Argument: “Im Wald muss man in großen Zeiträumen denken.“ Das Insektensterben findet aber jetzt statt. Ein Urwald, der in einigen hundert Jahren kommt, hilft da nicht. Wenn man schneller einen Naturwald haben will, bietet sich folgender Weg an: Der Wald wird stark gelichtet. Dicke, krumme und mit Spechtlöchern versehene Bäume bleiben stehen, die finanziell wertvollsten werden verkauft. Gleichzeitig - besser noch vorher - werden viele Baum-, Strauch- und Kräuterarten in den Wald gebracht. Sollte sich trotzdem eine Massenvermehrung des Borkenkäfers ankündigen, muss mit Fällen, Entrinden und Abtransportieren dagegen vorgegangen werden, bis ein einigermaßen gesunder artenreicher Naturwald entstanden ist, der sich selbst erhält und keine menschliche Hilfe braucht. Finanziert werden kann das durch den anfangs erwähnten Holzverkauf. Die Klimaerwärmung hat erst begonnen. Über notwendige Reaktionen wird viel gesprochen. Die bisher getroffenen Maßnahmen sind nett und niedlich. Die Erwärmung halten sie nicht auf. Es wird stärkere Stürme geben als den Sturm Wiebke 1990 und es wird heißere und trockenere Sommer geben als 2018, 2019, 2020 und 2022 und die Stressperioden werden länger anhalten, was die negative Wirkung noch verstärkt. Darauf muss auch der Nutzwald eingestellt werden. Statt altersgleicher Monokulturen müssen in jedem Waldstück verschiedene Baumarten wachsen und auch Sträucher und die Krautpflanzenvielfalt gefördert werden.

Der Weg zur altersmäßigen Durchmischung der Wälder ist nicht einfach. In den Plenterwäldern funktioniert es oft schon seit Generationen. Es werden ständig alte Bäume entnommen und junge wachsen nach. Hier praktiziert Hessenforst folgende Methode: Statt eine große Waldfläche gleichmäßig zu verjüngen, wird an einigen Stellen der Wald stärker gelichtet und dabei auch Sturmlöcher genutzt. An diesen Stellen wird der nachwachsende Wald älter sein als der Bestand der Umgebung.

Ich meine, dass ist ein guter Ansatz für eine altersmäßige Durchmischung. Als Weg zum Plenterwald mit Bäumen jeden Alters, sollte man bei der Verjüngung eines Waldes, diesen mit sehr vielen Arten bereichern. Da die Bäume in verschiedenem Alter sterben oder geerntet werden, entstehen immer wieder Löcher für das Nachwachsen junger Bäume, also ein Plenterwald.

Etwa 95 Prozent unseres Landes dienen dem Wohl einer einzigen Art, dem Menschen. Es sind Ortschaften, Straßen, landwirtschaftliche Flächen und die Holzplantagen. Nur fünf Prozent sind für alle anderen Arten da, also für Wildpflanzen, Tiere und Pilze. Diese fünf Prozent Naturraum müssen so gestaltet werden, dass alle Lebewesen eine Nische finden. Bei manchen Naturräumen genügt es, sie sich selbst zu überlassen. In anderen können nach menschlichem Eingriff oder Dauerpflege viel mehr Tiere und Pflanzen leben, als das jetzt der Fall ist. So werden von Naturschützern Teiche und Wiesen angelegt und gepflegt, sowie viele andere Maßnahmen vorgenommen, welche die Artenvielfalt erhöhen. Im Wald sehe ich fast nichts.

Da gibt es für seine Behandlung drei Möglichkeiten:

1. Die maximale profitorientierte Nutzung. Nur sehr selten werden da einmal wenige andere Bäume gepflanzt oder nicht gefällt.
2. Einige Habitatsbäume werden mit einem H oder N gekennzeichnet und geschont. Das sind meist ältere Bäume mit mindestens einem Spechtloch. Finanziell ist ihr Wert meist gering. Aber das ist eine gute, der Artenvielfalt dienende Maßnahme.

3. Waldstücke werden aus der Nutzung genommen. In diesen Wäldern darf nicht gefällt, nichts gepflanzt und nicht gepflegt werden.

Maßnahmen zur aktiven Förderung der Artenvielfalt gibt es nicht.

Aber es gibt FSC (Forest Stewardship Council), eine Zertifizierung, die den Wald gesünder und seine Bewirtschaftung sozial verträglicher machen soll. Der größte Teil unseres Waldes ist inzwischen zertifiziert. Die Absicht ist hervorragend. Die einzelnen Bestimmungen aber nicht. So werden Esskastanie und Walnuss als nicht zu fördernde Exoten eingestuft, obwohl sie mit den Römern oder sogar schon vorher nach Mitteleuropa gelangten. Unter Biologen gelten alle Pflanzen und Tiere, die vor 1492 (Entdeckung Amerikas durch Kolumbus) zu uns kamen als einheimisch. Außerdem sollten auch nicht einheimische Bäume, Sträucher und andere Pflanzen, die wegen des Klimawandels sowieso zu uns kommen, auf ihre Eignung geprüft werden. Ihr Herkommen kann man auch beschleunigen. Das gilt z. B. für die Zerreiche und den Baumhasel, von dem ein sehr gesundes Exemplar im Stadtpark von Kirchheimbolanden steht. Der Baum hat einen geraden Stamm und einen Brusthöhenumfang von genau drei Metern.

Dann ist da noch das Problem mit den Rückegassen. Auf ihnen dürfen Fahrzeuge zur Holzfällung und zum

Abtransport in den Wald hineinfahren. Das gilt auch für die großen Harvester. Sie sind so schwer, dass sie den Boden dauerhaft verdichten, so dass kaum noch Baumwurzeln in diesen Boden eindringen können. Diese Rückegassen sollen laut FSC im Abstand von 40 Meter angelegt werden. Aber auch 20 Meter Abstand werden akzeptiert. Viel besser wäre das Befahren nur mit leichten Fahrzeugen mit breiten Reifen, das Fällen durch Waldarbeiter und der Abtransport auch mit Seilwinden und Pferden. Das würde die Fruchtbarkeit des Bodens erhalten.

Der Grundsatz ist richtig, nach dem einheimische Pflanzen gut, fremdländische schlecht sind. Aber es gibt Ausnahmen. Wenn einheimische Brombeeren und Reitgras großflächig andere Pflanzen verdrängen, sind sie schlecht für die Artenvielfalt. Pflanzen, vor allem solche aus südlichen Nachbarländern, die nicht invasiv sind, bereichern unsere Flora. Zu diesen Pflanzen gehören Blasenstrauch, Pimpernuss, Winterling und Hasenglöckchen. Der Blasenstrauch wird gern von der großen blauschwarzen Holzbiene besucht. Das zeigt, dass das südeuropäische Insekt schon da ist. Die dazu gehörende Pflanze ist noch sehr selten. Der aus China stammende Sommerflieder (Buddleja davidii) wird so oft von Schmetterlingen besucht, dass ich auch ihn für förderungswürdig halte.

Die Frage, wie die Zahl derer, die sich für die Biodiversität einsetzen, vermehrt werden kann, bearbeite ich im Kapitel „10. Informationsverbreitung“ (Seite 154). Einen konkreten Vorschlag möchte ich aber schon hier machen. Es wäre gut, wenn das Berufsbild der Förster so geändert würde, dass mindestens zehn Prozent ihrer Arbeitszeit der Artenvielfalt gewidmet werden und die Förster am Ende jeden Jahres einen Bericht über diese Tätigkeit erstellen. Das würde den Fokus der Förster verändern. Weg von der reinen Holzerzeugung hin in Richtung Naturschutz. Das könnte sehr effektiv sein, denn überall wo Wald ist, gibt es flächendeckend diese Fachleute, ein Potential, das für die Artenvielfalt nicht genutzt wird.

Den Begriff „betriebsblind“ hört man heute nur noch selten. Damit ist gemeint, dass sich bei jemandem über Jahrzehnte hin ein Berufsbild ausgebildet hat, das er nicht ändern will oder er sich so eine Änderung einfach nicht vorstellen kann. Wenn ein Forstbediensteter, der sich jahrzehntelang fast ausschließlich mit Bäumen und Holzgewinnung beschäftigt hat, plötzlich Blümchen säen, pflanzen und pflegen soll, dann stellen sich bei manchem die Nackenhaare. Auch wenn Biologen und andere im Wald aktiv werden wollen, dann stößt das nicht auf große Gegenliebe. Denn die meisten im Forst Beschäftigten meinen, sie wären die einzigen wirklichen Fachleute, wenn es um den Wald geht.

Zum Beispiel in Politik und Naturschutz gibt es viele, die von ihrem gelernten Beruf her keine Ahnung von der Materie haben, sich aber über einen langen Zeitraum ein sehr großes Wissen aneigneten und gewaltige Leistungen bringen. Im Bereich Nutzholzzüchtung, Einschlag und Verkauf haben Förster ein von anderen nur selten erreichtes, fundiertes Wissen. Aber in Naturschutz und Artenvielfalt gibt es viele Biologen und Naturschützer, die mehr wissen als das Forstpersonal, weil ihr Denken auf diese Schwerpunkte ausgerichtet ist. Dem Forstpersonal täte es gut, wenn es hier über seinen Schatten springen und sich Anregungen holen würde. Für einen gesunden Wald, gegen das Insektensterben und für die Artenvielfalt wäre das ein großer Schritt.

Wald ist mehr als die Summe seiner Bäume. Sträucher, Blumen, Farne, Schachtelhalme, Gräser, Pilze, große und kleine Tiere, sowie Bakterien gehören auch dazu. Der Wald ist Wasserreiniger, Wasserspeicher, Trinkwassergeber, Temperaturregulator, Luftreiniger, CO2-Senker, Sauerstoffproduzent, Holzlieferant, Erholungsort und ein wichtiger Helfer beim Retten von Insekten und Klima. Bäume und Pilze, Blumen und Insekten und viele andere Teile helfen sich gegenseitig in diesem riesigen Organismus. Er ist Nahrungsquelle und bietet Versteck- und Brutmöglichkeiten für viele Tiere. Aber nur ein gesunder, arten- und strukturreicher Wald mit vielen Altbäumen kann all diese Funktionen richtig erfüllen. Deshalb sollte uns keine Anstrengung zu viel sein, um unseren Wald wieder artenreich, gesund, stark und widerstandsfähig zu machen.

9.14 Projekte zum arten- und strukturreichen Naturwald

Die Wühlmäuse haben beobachtet, dass es im Wald hektarweise keine einzige Nektar spendende Blütenpflanze gibt. Nadelbäume, Buchen und Eichen sind Windblütler, die keinen Nektar erzeugen und unter ihnen ist es meistens so dunkel, dass da kein Strauch und keine Blume wächst. Die Wühlmausgruppe „Krasse Krähen" hat innerhalb von drei Jahren ein 2.000 Quadratmeter großes Waldstück artenreich bepflanzt. Jetzt sind es 123 verschieden Arten von Bäume, Sträucher und Krautblühpflanzen.

So geschah es: Die Straße zur Burg Frankenstein wurde erneuert. In dem Zusammenhang ließ der zuständige Revierförster alle Bäume fällen, die in den folgenden zehn Jahren auf die Straße fallen könnten. Dabei wurde die Haarnadelkurve vor der Burg baumfrei. Ich fragte ihn, ob die Wühlmäuse die Kurve artenreich bepflanzen dürften. Er erlaubte es und riet uns, die Bäume und Sträucher nicht zu dicht und außen schön blühende Sträucher zu pflanzen, was gut zu unserer Planung passte. Für unser Experiment ist eine Haarnadelkurve hervorragend geeignet, weil auf der Straße und dicht daneben keine Bäume gepflanzt werden. So kann von zwei Seiten Licht ins Innere der Kurve fallen, das die Pflanzen zum Wachsen gut brauchen können. Genau in die Mitte, zwischen die beiden Straßen pflanzten wir im Abstand von 20 Metern drei Sommerlinden und eine Vogelkirsche. Linden bilden kein Kernholz und werden deshalb innen leicht faul und später hohl. Diese Hohlräume sind gut für höhlenbrütende Vögel, Fledermäuse, Hornissen und vielleicht später auch Wildkatzen. Mit ausreichend Abstand kamen daneben eine Salweide, zwei Speierlinge, vier Elsbeeren und vier Ebereschen. In die verbleibenden kleineren Lücken pflanzten wir fast alle einheimischen Sträucher und dann Blumen, wobei wir darauf achteten, dass ihre Licht- und Feuchtigkeitsansprüche befriedigt werden. Wegränder, besonders Kreuzungen, Einmündungen und Haarnadelkurven bekommen, vor allem wenn die Wege oder Straßen breit sind und die Bäume daneben noch jung und klein, viel Licht. Diese Lichtdurchflutung kann Jahrzehnte anhalten. Deshalb ist dort ein großer Artenreichtum möglich. Diese hellen Stellen entstehen oft plötzlich durch das Fällen der Bäume auf einer oder beiden Seiten der Wege oder Straßen. Dann kann es sehr lange dauern, bis viele Pflanzen eingewandert sind. Hier ist „Impfen“ angesagt. Das heißt, Förderer der Artenvielfalt bringen von vielen Pflanzenarten, möglichst aus der näheren Umgebung, durch säen oder pflanzen einige Exemplare vieler Pflanzen an den Wegrand, die sich dann, wenn das Gebiet geeignet ist, vermehren. Wird es dann im Wald daneben ausreichend hell, werden sich viele dieser Pflanzen in den Wald hinein verbreiten.

Im Forst werden Bäume sehr dicht gepflanzt, damit sie astfreie Stämme bilden. Außerdem ist es nicht schlimm, wenn ein Baum ausfällt. Es sind ja genügend Ersatzbäume da. Oft höre ich als dritten Grund, dass sich die genetisch stärksten durchsetzen sollen. Diese Begründung glaubte ich nicht so richtig. Deshalb habe ich schon vor 50 Jahren aus einer Douglasien-Anpflanzung die beiden schwächsten Bäumchen ausgegraben und auf das brachliegende Nachbargrundstück meiner Eltern gepflanzt. Die beiden Kümmerlinge gingen schlecht an und wurden von Rehen verbissen. Erst nach fünf Jahren begannen sie richtig zu wachsen. Heute sind sie ungefähr so hoch, wie die Schwesterbäume der Anpflanzung, die in Brusthöhe Umfänge zwischen 0,34 Meter und 1,96 Meter haben. Die Brusthöhenumfänge der beiden Kümmerlinge betragen 2,08 und 2,10 Meter.

Damit ist für mich klar, dass für das Absterben einzelner Bäume in einem Bestand nicht der genetische Unterschied ausschlaggebend ist. Ein Bäumchen, das etwas höher ist als sein Nachbarn, bekommt etwas mehr Licht und wächst deshalb jedes Jahr erst etwas, dann immer schneller als der Nachbar, der dann immer weiter ins Hintertreffen kommt, bis er stirbt.
Die Wühlmäuse pflanzen Bäume und Sträucher immer mit großen Abständen und beschneiden sie nach dem Pflanzen wie Gärtner, damit das Mengenverhältnis Wurzeln zu Blättern ungefähr stimmt. Danach schützen sie die Setzlinge mit Reisigwällen, Hunde- und Menschenhaaren, sowie mit Schafwolle gegen Wildverbiss, so dass es nur wenige Ausfälle gibt. Reisigwälle um einzelne oder mehrere Setzlinge schützen nicht nur vor Wildverbiss, sondern auch vor Austrocknung durch Sonne und Wind. Nach der Verrottung bringen sie den Bäumchen Nährstoffe. Das sind Vorteile, wie sie der Landschaftsgärtner und Naturfotograf Hermann Benjes beschrieb und in den nach ihm benannten Totholzhecken, den Benjeshecken, verwirklichte. Es müssen allerdings recht große Reisigmengen sein, wenn sie einige Jahre Schutz bieten sollen, denn das Reisig sackt schnell in sich zusammen und bilden dann keinen Schutz mehr, wenn es zu wenig war. Das Pflanzen mit großen Abständen hat noch einen weiteren Vorteil. Bäume und Sträucher, die

viel Licht bekommen, haben mehr Blüten und mehr Früchte als bedrängt stehende. Das gilt nicht nur für einzelne Pflanzen, sondern auch pro Flächeneinheit.
Bei der Einweihung bekam diese blühende Kurve den Namen Krasse-Krähen-Kurve, weil die Anwesenden das Engagement der Krassen Krähen würdigen wollten. Immer mehr Leben kommt in die Kurve. Dieses Jahr blühen zum ersten Mal Berberitze, Gemeines und Breitblättriges Pfaffenhütchen, Wolliger Schneeball, Pulverholz und zwei Ebereschen. Man kann jetzt in jedem Monat Blüten sehen. Auch viele Schmetterlinge, Hummeln, Solitärbienen, Käfer, Spinnen und andere Kleintiere sind ins „neue Heim" eingezogen. Es gibt Spuren von Rehen und Wildschweinen. Sogar ein Sandlaufkäfer und eine junge Schlingnatter wurden beobachtet, wobei mir bisher niemand sagen konnte, wie diese Trockenlandtiere den umgebenden schattigen Buchenwald durchquert haben.
In der Nähe der Kurve gibt es ein sehr trockenes und ein feuchtes Waldstück. Beide wollen die Krassen Krähen demnächst bepflanzen und dort die Samenmischungen „Trockenwald" bzw. „Feuchtwald" einsäen. So wird es bald 130 Pflanzenarten im Bereich der Krasse-Krähen-Kurve geben. Spannend wird es noch einmal in 20 oder 30 Jahren, wenn wir sehen können, welche Pflanzen sich an den Waldwegen entlang und in den Wald hinein verbreitet haben.

Zu einem echten Naturwald der Zukunft gehören aber nicht nur Artenreichtum, sondern auch alte Bäume. Die fehlen in der Kurve. Deshalb haben die Wühlmäuse vor vier Jahren den Antrag gestellt, einen halben Hektar Gemeindewald an der „Galgenbuche" gestalten zu dürfen.Das Projekt wird im Abschnitt „11.1 Der Naturwald an der Galgenbuche“ (Seite 179) näher beschrieben.
Unser Wald ist jetzt krank und das Insektensterben findet jetzt statt. Maßnahmen, die erst nach etlichen Jahrzehnten oder gar Jahrhunderten positive Effekte bringen, helfen da nicht. Wie wirkungsvoll, gesund und schön so ein arten- und strukturreicher Naturwald ist, wollen die Wühlmäuse mit ihren Experimenten in der Krasse-Krähen-Kurve und an der Galgenbuche zeigen.

9.15 Blühkurve für Schmetterlinge und Bienen: Hier wachsen für sie folgende Bäume, Sträucher und Blumen:

Bäume

Sommerlinde .... Tilia platyphyllos
Esskastanie .... Castanea sativa
Vogelkirsche .... Prunus avium
Bergahorn .... Acer pseudoplatanus

Elsbeere .... Sorbus torminalis
Eberesche .... Sorbus aucuparia
Speierling .... Sorbus domestica
Salweide .... Salix caprea
Kirschpflaume .... Prunus cerasifera

Sträucher

Liguster .... Ligustrum vulgare
Eingr. Weißdorn .... Crathaegus monogyna
Besenginster .... Cytisus scoparius
Schwarzdorn .... Prunus spinosa
Heckenkirsche .... Lonicera xylosteum
Schw. Holunder .... Sambucus nigra
Traubenholunder .... Sambucus racemosa
Brombeere .... Rubus fruticosus
Kornelkirsche .... Cornus mas
Himbeere .... Rubus idaeus
Pfaffenhütchen .... Euonymus europaeus
Stachelbeere .... Ribes uva-crispa
Schwarze Johannisbeere .... Ribes nigrum
Alpenjohannisbeere........ Ribes alpinum
Hundsrose .... Rosa canina
Waldgeißblatt .... Lonicera periclymenum
Bittersüßer Nachtschatten .... Solanum dulcamara
Waldrebe........................... Clematis vitalba
Berberitze .... Berberis vulgaris
Faulbaum .... Frangula alnus

Pimpernus	Staphylea pinnata
Wolliger Schneeball	Viburnum lantana
Gemeiner Schneeball	Viburnum opulus
Blasenstrauch	Colutea arborescens
Goldregen	Laburnum anagyroides
Kreuzdorn	Rhamnus cathartica

Krautpflanzen

Wasserdost	Eupatorium cannabinum
Kanad. Goldrute	Solidago canadensis
Wirbeldost	Clinopodium vulgare
Taumel Kälberkropf	Chaeropohyllum
Gemeiner Dost	Origanum vulgare temulum
Ackerkratzdistel	Cirsium arvense
Gem. Kratzdistel	Cirsium vulgare
Gem. Beifuss	Artemisia vulgaris
Kohldistel	Sonchus oleraceus
Dürrwurz	Inula conycae
Baldrian	Valeriana officinalis
Knot. Braunwurz	Scrophularia nodosa
Kriech. Günsel	Ajuga reptans
Süße Bärenschote	Astragalus glycyphyllos
Weißklee	Trifolium repens
Salbei Gamander	Teucrioum scorodonia
Schwarznessel	Ballota nigra
Maiglöckchen	Convallaria majalis
Gefl. Taubnessel	Lamium maculatum

Färberwaid .... Isatis tinctoria
Weiße Taubnessel .... Lamium album
Karthäuser Nelke .... Dianthus carthusianorum
Weiße Lichtnelke .... Silene latifolia
Rote Lichtnelke................. Silene dioica
Kuckucks-Lichtnelke ...... Silene flos-cuculi
Pechnelke........................... Viscaria vulgaris
Geflekter Aronstab .... Arum maculatum
Wiesenlabkraut .... Galium mollugo
Rapunzelglockenbl .... Campanula rapunculus
Klettenlabkraut .... Galium aparine
Salomonsiegel .... Polygonatum officinale
Echtes Labkraut .... Galium verum
Zurückgebogener
Storchschnabel .... Geranium reflexum
Ruprechtskraut .... Geranium robertianum
Knoblauchsrauke .... Alliaria petiolata
Stumpfblättriger Ampfer ...... Rumex obtusifolius
Schafgarbe .... Achillea millefolium
Waldmeister .... Galium odoratum
Rainkohl .... Lapsana communis
Gewöhnliches Leinkraut Linaria vulgaris
Wohlriechendes Veilchen ...... Viola odorata
Hundsveilchen .... Viola canina
Flockenblume .... Centaurea spec
Hexenkraut .... Circaea lutetiana
Weiße Schwalbenwurz ... Vincetoxicum hirundinaria

Stachellattich .... Lactuca serriola
Mauerlattich .... Mycelis muralis
Pfennigkraut .... Lysimachia nummularia
Odermennig .... Agrimonia eupatoria
Waldziest .... Stachys sylvatica
Kleinblütiges
Weidenröschen .... Epilobium parviflorum
Kleines Springkraut .... Impatiens parviflora
Indisches Springkraut .... Impatiens glandulifera
Pfirsichbl. Glockenblume ...... Campanula persicifolia
Nesselblättrige
Glockenblume .... Campanula trachelium
Rapunzel Glockenblume .... Campanula rapunculus
Rundblättrige
Glockenblume .... Campanula rotundifolia
Wegwarte .... Cichorium intybus
Schwarzer Nachtschatten ...... Solanum nigrum
Winterling .... Eranthis hyemalis
Schneeglöckchen............. Galanthus nivalis
Märzenbecher................... Leucojum vernum
Hasenglöckchen .... Hyacinthoides non-scripta
Feldsalat .... Valerianella locusta
Zwiebeltragende Zahnwurz ..... Cardomine bulbifera
Frühlingsplatterbse .... Lathyrus vernus
Zwergschwertlilie .... Iris pumila
Stinkende Nieswurz .... Helleborus foetidus.
Großer Ehrenpreis .... Veronica teucrium

Löwenzahn .... Leontodon officinale
Zwergholunder .... Sambucus ebulus
Brennnessel .... Urtica dioica
Kriechender Hahnenfuß .... Ranunculus repens
Weißer Klee .... rifolium repens
Zwerkschneckenklee ...... medicago minima
Buschwindröschen .... anemone nemorosa
Gelbes Windröschen ...... anemone ranunculoides
GroßesWindröschen ...... anemone sylvestris
Färber Hundskamille ..... Anthemis tinktoria
Akelei .... Aquilegia vulgaris
Rote Spornblume .... Entranthus ruber
Roßminze .... Mentha longifolia
Blutweiderich .... Lythrum salicaria
Rainfarn............................ Tanacetum vulg
Giersch .... Aegopodium podagraria
Zaunrübe .... Bryonia dioica
Huflattich.......................... Tussilago farfara

Es sind 9 Baumarten, 26 Sträucher und 87 Krautpflanzen, also insgesamt 122 nektar- und pollenspendende Pflanzenarten. Gräser und andere Windblütler, Farne, Schachtelhalme und Moose wurden nicht erfasst. Die Ansiedlung von z. B. Dipdam, Ästiger und Astloser Graslilie ist in Vorbereitung, weil diese schönen Pflanzen Probleme mit der Fernverbreitung haben und selten geworden sind. Außerdem scheint ein Teil des Ge-

bietes dieser blühenden Kurve für die drei Pflanzen geeignet zu sein. Der Bewuchs ist spärlich, der Boden nährstoffarm, halbtrocken und genügend Licht bekommen die Pflanzen auch.
Wenn ich durch meinen Naturgarten, durch Wald und Feld streife, dann entdecke ich immer wieder Pflanzen, die es im Gebiet der großen Blühkurve nicht gibt, die dort aber gut wachsen könnten und es wird mir klar, wie viel allein im Wald für die Artenvielfalt getan werden kann. Das lokale und totale Verschwinden vieler Nektarsauger ist keine unumkehrbare Zivilisationsnotwendigkeit. Wir können viel dagegen tun.
Neben Waldwegen gibt es oft viel Licht. Hier kann die Vielfalt an Blumen leicht erhöht werden. Von diesen Wegen können sich die Blumen und Kräuter dann leicht in benachbarte und einigermaßen helle Waldstücke hinein ausbreiten. Auch für den Wirtschaftswald sollte der Grundsatz gelten, dass nicht jeder Quadratmeter genutzt werden muss. Das gilt besonders für kleine artenreiche Lichtungen.

9.16 Braucht der Wald Sträucher und Blumen?

Wenn es im Wald viele Sträucher und Blumen gibt, dann gibt es auch viele Insekten, Spinnen, andere

Kleintiere, Vögel und Fledermäuse. Das ist dann ein Beitrag gegen das Insektensterben.
Wichtig dabei sind die indifferenten Insekten. Das sind Insekten, die keinen Schaden anrichten, aber auch keinen besonderen Nutzen bringen. Besonders da, wo es viele dieser indifferenten Insekten gibt, gibt es auch deren Gegenspieler, die Fressfeinde: Vögel, Fledermäuse, Spinnen und Raubinsekten. Wenn sich in der Nähe einer solchen artenreichen Stelle die Massenvermehrung eines Schadinsekts anbahnt, merken diese Fresser, dass hier Nahrung in großer Menge und leicht zu erbeuten ist. Sie wechseln dahin, wo sich die Massenvermehrung anbahnt. So können sie das Aufkommen des Schadinsekts so stark reduzieren, dass es keinen Schaden anrichten kann, bevor irgendein Mensch das sich anbahnende Unglück bemerkt hat. Hier gilt der Grundsatz: Je größer der Artenreichtum, umso stabiler ist das biologische Gleichgewicht.
Wenn an einer trockenen Stelle im Wald überhaupt keine Pflanzen wachsen, dann dörrt der Boden aus, was den dort wachsenden Bäumen schadet. Wird dieser Platz von Trockenlandpflanzen bewachsen, dann geben sie dem Boden Schatten und bremsen den Wind. Dadurch bleibt es feuchter, was auch den Bäumen nützt. Außerdem steigt dadurch die Fähigkeit des Waldes, Wasser zu speichern.
Eine dunkle Monokultur ohne Sträucher und Blumen

ist aus Sicht der Schmetterlinge und Bienen genauso wertlos wie ein mit Glyphosat aller Wildkräuter beraubter Mais- oder Weizenacker. In der Sahara blüht es, wenn es geregnet hat. In den eben genannten Superwüsten blüht nie etwas. Nektarsammler ohne ausreichende Reserven verdursten oder verhungern, wenn sie nicht schnell genug in ein artenreicheres Gebiet kommen.

Weiterhin hat ein strukturreicher Wald, in dem Blumen blühen, einen höheren Erholungswert als eine sterile Monokultur. In einer Sendung des WDR am 25. Mai 2021 wurde festgestellt, dass Menschen, die in einem artenreichen Gebiet leben, gesünder sind als die, denen das verwehrt ist. Um festzustellen, dass ein struktur- und artenreicher Wald einen hohen Erholungswert hat, bedarf es keiner tiefgreifenden Forschung. Das empfinden Wanderer und Spaziergänger bei jedem Ausflug. Sie genießen den Anblick und die Stimmung eines solchen wertvollen Waldes.

10. Informationsverbreitung

Projekte sind gut. Aber zur Förderung der Artenvielfalt gehört auch, die Öffentlichkeit zu informieren. Das geschieht meistens durch Pressearbeit, Website, Exkursionen, Vorträge, Diskussionsrunden, Feste und die Einweihung von Projekten. Dazu kommen bei uns noch ein paar originelle zusätzliche Ideen.

10.1 Tier, Pflanze, Biotop des Jahres

Zu Lebewesen des Jahres werden sehr viele gewählt. Uns kam es darauf an, eine möglichst große Auswahl zu haben und auf ein lokales Problem hinzuweisen, wobei uns bewusst war, dass es oft Probleme waren, die es mehr oder weniger überall gibt. Die Vorschläge kamen anfangs meist von mir oder den Wühlmäusen, dann immer mehr auch von NABU-Leuten. Gewählt wurden sie zuerst von allen örtlichen Vereinen, die Exkursionen anbieten, dann aber nur noch von den Artenvielfaltsförderern: NABU, BUND, Wühlmäuse, BI Pro Wald, BI Pro Seeheimer Wald und der Schutzgemeinschaft Deutscher Wald.

Folgende Tiere, Pflanzen und Biotope des Jahres wurden für Seeheim-Jugenheim gewählt:

2007	Rosenkäfer
2008	Teiche
2009	Wildbiene
2010	Blütenhang
2011	Blumenwiese
2012	Totholz
2013	Schwalben
2014	Laubfrosch
2015	Alte Bäume
2016	Trockenmauer
2017	Brache
2018	Säume
2019	Arten- und strukturreicher Naturwald
2020	Artenreiche Allee
2021	keine Wahl
2022	Naturgarten

Den Rosenkäfer wählten wir, weil seine Larven, denen des Maikäfer-Engerlings sehr ähnlich sehen und deshalb oft aus Unkenntnis vernichtet werden. Die Larven des Rosenkäfers ernähren sich von verrottendem Material, am liebsten von Holz in der Zersetzungsphase. Die Engerlinge des Maikäfers brauchen zur Ernährung lebende Wurzeln. Das einfachste Unterscheidungsmerkmal ist, dass die Larven des Rosenkäfers in

Komposthäufen und noch lieber in den zuvor beschriebenen Rinnenbeeten leben. Die Engerlinge des Maikäfers dagegen findet man in Wiesen und Beeten, wo lebendige Wurzeln sind. Der Rosenkäfer, der fliegende grüne Smaragd, beteiligt sich übrigens an der Bestäubung von Blüten.

Der Blütenhang wurde gewählt, weil er eine örtliche Besonderheit ist. Er ist ein Teil der Bergstraße, die als Hang aus der Rheinebene aufsteigt und eines der wärmsten Gebiete Deutschlands ist. Hier gibt es die erste Kirschblüte im Land. Der größte Teil der Bergstraße ist aber im Laufe der letzten Jahrzehnte mit Häusern zugebaut worden und die Obstbäume sind dem Weinbau gewichen. Einer der letzten Reste ist, neben dem Gebiet nördlich des Dorfes Malchen, der Blütenhang zwischen Seeheim und Malchen. Er ist 1,2 Kilometer lang und bis zu einem halben Kilometer breit. Hier gibt es fast keinen Weinbau. An diesem Hang wurde bis nach dem Zweiten Weltkrieg Nebenerwerbsobstbau betrieben. Es wurden vor allem Kirschen angebaut, daneben in kleineren Mengen Pfirsiche, Zwetschgen und Johannisbeeren. Jetzt besteht er aus vielen kleinen Grundstücken. Manche werden intensiv gepflegt, andere mehr extensiv und auf vielen Parzellen wurde seit vielen Jahren überhaupt nichts mehr gemacht. Dieses kleinräumige Mosaik ist ein besonderer Lebensraum. Hier gibt es verschiedene Orchideen, Schlingnattern, einige Wendehälse und viele Gartenrotschwänze. Mauereidechsen und Gottesanbeterinnen wandern gerade ein und der Wiedehopf schaut jedes Frühjahr vorbei und wird wohl auch bald hier brüten. Bedroht ist der Blütenhang, weil viele Grundstücksbesitzer:innen Häuser bauen möchten, der Wald von immer mehr Grundstücken Besitz ergreift, alte Kirschbäume absterben, ohne dass neue gepflanzt werden und weil Paragraphenhörige die meisten Gartenhütten und Zäune entfernen wollen. Damit wird den Grundstückseigner:innen und Pächter:innenn die Freude an der Gartenarbeit genommen werden.

Die artenreiche Allee wurde ausgesucht, weil fast alle Alleen Monokulturen sind, also nur aus einer einzigen Art bestehen. Sie haben nie oder nur zwei Wochen im Jahr Nektar und Pollen, an 50 Wochen im Jahr sind sie für Nektarsauger so wertlos wie Kunststoffbäume. Das Projekt wird unter „11.4 Birkenallee: Von der Monokultur zur Vielfalt“ (Seite 187) näher beschrieben.

In Malchen, dem Ortsteil, in dem ich wohne, befindet sich eine 150 Meter lange Allee aus Zierblühbäumen mit einer Hainbuchenhecke. Beide haben unter der Trockenheit der letzten Jahre stark gelitten. In diesem Frühjahr wurden 12 Bäume und 14 Sträucher gepflanzt, die alle einiges an Trockenheit aushalten. Das waren u. a. Elsbeere, Mandel und Esskastanie, so wie

Blasenstrauch, Wacholder und Sommerflieder und eine Zitrone, die Frost aushalten soll. Für je einen Baum und einen Strauch konnte eine Patenschaft für 90 Euro erworben werden. So wurde die Aktion bezahlt. Demnächst werden an den Bäumen Schildchen mit dem Namen der jeweiligen Baumart und dem Namen der Spender:in angebracht. Die frisch gepflanzten Bäume und Sträucher werden von drei Anwohner:innen gegossen, so dass ihr Anwachsen gesichert erscheint. Außerdem stehen in der Hainbuchenhecke einige Sträucher, Liguster, Holunder, Pfaffenhütchen und Berberitze, die bisher mit der Hecke geschnitten wurden. Das soll in Zukunft unterbleiben, was die Vielfalt weiter erhöht. So wird an dieser alleeähnlichen Struktur durch Kreativität die nektarlose, sterile Eintönigkeit allmählich ersetzt durch eine Nahrung spendende Artenvielfalt.

10.2 Der internationale Tag der Artenvielfalt

Das größte Artensterben in Mitteleuropa seit der Eiszeit findet jetzt statt. Laut der Krefelder Studie, einer Datensammlung von ehrenamtlichen Insektenkundlern, sind 80 Prozent der Fluginsekten weg, Gemessen wurde hauptsächlich in Naturschutzgebieten. In der übrigen Landschaft dürften es noch mehr sein. Ältere Autofahrer berichten, dass früher mindestens zehnmal so viel Insekten an der Windschutzscheibe klebten wie heute. Die beiden Hauptursachen sind die Gifte und die Landschaftsausräumung. Gifte werden eingesetzt gegen Insekten und gegen die Konkurrenzpflanzen der angebauten Nutzpflanzen, wodurch das Nektarangebot deutlich kleiner wird und auch so manche Pflanze, die Raupen als Nahrung brauchen, verschwindet. Landschaftsausräumung bedeutet, dass die Felder größer werden. Dadurch werden die Ackerrandstreifen weniger. Es wird bis dicht an die Wege heran gepflügt, Hecken werden gerodet, für Straßen- und Häuserbau wird Landschaft verbraucht. Dazu kommt noch, dass die Bauern mehr düngen und mit dem Regen pro Jahr und Hektar 60 bis 80 Kilogramm Stickstoff aufs Land fallen. Je nährstoffreicher eine Wiese ist, je weniger Pflanzenarten hat sie. Es gibt kaum noch Schmetterlinge. Vögel, Bienen und Hummeln werden weniger und damit auch das Singen, Summen und Brummen. Wir kommen dem „Stummen Frühling" wie ihn die Zoologin Rachel Carson bereits 1962 beschrieb, immer näher. Andererseits fand das Volksbegehren „Rettet die Bienen" 2019 in Bayern 1,8 Millionen Unterstützer. Jetzt wird das Thema unter anderem durch Corona, den Klimawandel und den Ukraine-Krieg aus dem Bewusstsein von vielen verdrängt. Damit das nicht so bleibt, suchen Wühlmäuse und NABU nach Möglichkeiten, diese Problematik bekannter zu machen.

Dabei entdeckten wir, dass der 22. Mai der wenig bekannte Internationale Tag der Artenvielfalt ist. Bei der Vorbereitung dieses Gedenktages merkten wir, dass es drei Wege gibt, um gegen das Insektensterben vorzugehen: Gesetzgebung, Konsumänderungen und Pflanzungen. Auf allen drei Wegen kann in unserer wunderbaren Staatsform Demokratie jeder etwas tun. Gesetze werden von Parlamenten beschlossen, die wir wählen. Beim Konsum heißt es mehr Bio, weniger wegwerfen, weniger Fleisch und weniger Prestigekäufe, also weniger auf Äußerlichkeiten achten, um so mehr Geld für Sinnvolles zu haben. Den Tag der Artenvielfalt gestalteten wir 2019 mit vier Aktionen:

1. Balkonkasten. Es solcher Kasten wurde statt mit Geranien, die weder Nektar noch Pollen haben, mit ergiebigen Arten bepflanzt.
2. Garten. Eine Forsythie wurde durch eine Kornelkirsche ersetzt. Grund wie oben. Außerdem wurde ein Insektenhotel besichtigt.
3. Freie Flur. Es wurden einige Sträucher gepflanzt und an einer Bienenweide eine kleine Pflege durchgeführt.
4. Wald. Es wurden eine Linde und einige Sträucher gepflanzt.

Sehr gut wäre es, wenn der Tag der Artenvielfalt zum gesetzlichen Feiertag erhoben würde. Es ist ein Tag, der wie Weihnachten und Ostern mit Handlungen verbunden ist, denn jeder und jede kann etwas säen, pflanzen oder pflegen. Das geht auf dem Balkon, im Garten oder mit anderen, z. B. Naturschutzverbänden, in der freien Flur und im Wald. Feiertage wie Pfingsten und Fronleichnam, deren Bedeutung die meisten Menschen nicht kennen, halte ich für sinnlos. Freihaben ist zwar nett, aber es sollte doch mit einer Handlung oder einem Gedenken verbunden sein. Besser als den 22. Mai fände ich einen Tag Ende März oder Anfang April, weil da Gepflanztes und Gesätes mehr Überlebenschancen hätten. Bei den Kirchen und wohl auch in anderen Religionen rückt die Bewahrung der Schöpfung immer mehr in den Vordergrund. Für die Schöpfung, für die Natur und für alle nach uns kommenden Generationen müssen wir diese wunderbare, artenreiche Natur erhalten. Dazu sind große Entscheidungen und kleine Einzelinitiativen nötig. Ein gesetzlicher Feiertag wäre dabei eine gute Hilfe.

10.3 Zwölf Biotope Tour

Etwas sehr Seltenes befindet sich nördlich von Malchen. Die Abstände zwischen Rheinebene, Bergstra-

Stickstoffreicher Robinienwald
Robinien gewinnen mit Hilfe von Bakterien, die in kleinen Knöllchen an den Wurzeln der Robinien leben, Stickstoff aus der Luft Einen Teil davon geben sie an den Boden weiter, der damit gedüngt wird. Hier leben stickstoffliebende Pflanzen, wie Brennnessel und schwarzer Holunder.
Sonnenflecken im Kalksand-Kiefernwald
Wo auf Lichtungen genügend Sonne den Boden erreicht, entwickelt sich eine reiche Bodenflora: z. B. Sonnenröschen, Kleines Habichtskraut und Kriechender Hauhechel.
Artenreicher Kiefern-Laub-Mischwald
Unter einem Schirm alter Kiefern wachsen sehr viel verschiedene Laubhölzer und Sträucher.
L 3100
Malcher Straße
Sportplatz
P
Dieburger Straße
Malcher Steppe
Magersandfläche, wahrscheinlich auf Schwemmland des Dornbachs, mit extrem spärlichem Bewuchs. Hier wachsen seltene Pflanzen wie z. B. Silbergras, Sandmohn und Salzkraut.
Gärten
Sie können als Biotop mit Mensch sehr artenreich sein, was z. B. im Wühlmausgarten versucht wird.
P
Straße
Im Junkern
Dieburger Straße
L 3100
Steige

Übergangszonen: Weide – Sträucher – Wald
Wenn menschliche Offenlandnutzung aufhört werden die Flächen von Sträuchern und Bäumen besiedelt bis Wald entsteht.
Der Wühlmauswald
Von den „Wühlmäusen" angelegtes Waldstück mit Solitärbäumen und vielen Straucharten.
Sonnenteich Hermelin-Weiher
Dieser 2013 gebaute Teich wird anderen Tieren und Pflanzen einen Lebensraum bieten. Er wurde bereits von Gebirgsstelzen, Grasfröschen und Geldrandkäfern besucht.
Artenarmer Buchenwald
Buchen geben ähnlich wie Fichten viel Schatten, deshalb wachsen in einem altersgleichen Buchenwald nur wenige Pflanzenarten.
Waldteich Wühlmausweiher
Der im Halbschatten liegende Weiher ist Laichplatz für 6 Amphibienarten und Lebensraum für viele andere Tiere. Hauptprobleme sind der Laubeintrag und die Wasserknappheit.
Weideland
Intensität der Beweidung mit Pferden und Schafen, Bodenbeschaffenheit und Beschattung bedingen verschiedenen Pflanzenwuchs.
Katastrophen-Mischwald
Der Sturm Wibke hat 1990 viele Wälder umgelegt, die nicht alle gleich wieder aufgeforstet werden konnten. Oft entwickelte sich ein Wald mit vielen verschiedenen Bäumen und Sträuchern.

ßenhang und Odenwald sind klein. Hier liegen zwölf bemerkenswert unterschiedliche Biotope dicht beieinander. Sand, Steine, Licht, Schatten, Wasser und menschliche Eingriffe haben sehr verschiedene Pflanzengesellschaften wachsen lassen, geben unterschiedlichen Tieren einen Lebensraum und damit jedem Biotop ein eigenes Aussehen. Beim Suchen verschiedener Biotope war ich zeitweise bei über zwanzig. Da waren viele unterschiedliche Gärten dabei. Dann meinte ich aber, dass die Zahl unterschiedlicher Gärten fast unbegrenzt ist. Außerdem sollten sich die Biotope weniger ähneln und nicht zu stark menschengeprägt sein.
Zur Zwölf-Biotope-Tour gibt es einen Flyer, dessen wichtigster Teil, die Landkarte mit den einzelnen Biotopen, ist auf der vorherigen Seite zu sehen.

10.4 Zwei kleine Theaterstücke

Mit Theaterstücken kann man informieren und unterhalten. Vieles kann überspitzt, einseitig und klar dargestellt werden, wodurch Tatsachen überdeutlich und einprägsam werden.
Besonders unterhaltsam ist Theater, wenn man die Schauspieler kennt und mit einem kurzen Schauspiel kann man niemanden langweilen. Bei dem ersten

Stück, der „Helikoptermutter", geht es darum, die übertriebene Angst vieler Menschen in den Fokus zu rücken. Bei dem zweiten Stück, dem „Tanz der Bäume", wird der rücksichtslose Umgang der Menschen mit der Natur angeprangert.
Beide Stücke wurden bei den Wühlmäusen uraufgeführt und mit kräftigem Applaus bedacht. Besonders beeindruckt und belustigt waren die Zuschauer von dem Räuber mit dem Messer im Bauch.
Eine Besonderheit war, dass kein Bühnenbild aufgebaut wurde und es keine Sitzplätze gab. Es wurde jeweils einmal der Ort des Geschehens gewechselt. Wegen der Kürze der Theaterstücke (jeweils rund 15 Minuten), erwies sich das „Wandertheater" als praktische Organisationsform.

10.4.1 Die Helikoptermutter

Personen:

- Hanna
- Mutter von Hanna
- Grulei und Heli (Wühlmaus-Gruppenleiter und Helikopter-Mutter)
- Räuber
- Zwei Vorhangzieher
- Aufklärer für kleine Kinder

1. Szene :

Hanna und Mutter im Gespräch

Hanna: Ich will auf den Frankenstein. Kommst Du mit?

Mutter: Nein, ich muss noch… *(irgendeine blöde Ausrede)*

Hanna: Dann gehe ich eben allein.

Mutter: Da musst Du aber mitnehmen:

- Essen
- Trinken
- Pullover
- Anorak
- Bergschuhe
- Regenschirm
- Sturzhelm, wegen herabfallender Äste
- Knie- und Ellenbogenschützer, du könntest hinfallen
- Handy, wenn irgendetwas passiert, ruf mich an. Ich komme sofort.

Hanna wehrt sich jedes Mal, aber die Mutter setzt sich durch. Ohne Vollausrüstung darf Hanna nicht gehen.

2. Szene :

Hanna allein im Wald

Heli: Es ist völlig unverantwortlich, das Mädchen allein auf den Frankenstein gehen zu lassen. Was da alles passieren kann

Zählt alle Gefahren auf:

- Herabfallende Äste
- Umstürzende Bäume
- Sturm
- Gewitter
- Dauerregen (kann tagelang anhalten)
- Kälte und Schnee
- Hagel
- Meteoriten können vom Himmel fallen
- Flugzeuge können abstürzen
- Raketen und Weltraumschrott
- Hitze
- Wildschweine
- Füchse, die Tollwut haben
- Wölfe
- Freilaufende Hunde
- Zecken
- Schnaken
- Bremsen
- Giftschlangen
- Giftige Pilze, Früchte und Blätter
- Verlaufen
- Stolpern und Beine brechen
- Bei Sonnenfinsternis, Gewitter und abends wird es dunkel im Wald
- Teiche mit Wasserlinsen sehen aus wie Wiese
- Räuber und andere böse Menschen

Grulei streitet alle Gefahren ab oder verniedlicht sie.

Heli: Hinter jedem Baum kann ein Räuber stehen und guck mal, wie viel Bäume es hier gibt.

Grulei: Räuber gab es im Mittelalter und in Märchen. Im friedlichen Malcher Wald, da ist die Welt in Ordnung. Da gibt es keine Räuber.

Hanna kommt und Heli entdeckt Räuber hinter einem Baum.

Heli: Guck, da hinterm Baum steht schon der erste Räuber.

Grulei: Das ist ein Spaziergänger, der da pinkelt.

Räuber stürzt auf Hanna zu und versucht, sie zu erschrecken.

Räuber: Geld her!

Hanna: *(völlig unerschrocken)* Die paar Cent Taschengeld, die ich kriege, die habe ich zu Hause gelassen. Aber Du bist klasse.

Hanna: *(lobt seinen Auftritt in den höchsten Tönen)* Spitze, geil, wie Du da hinter dem Baum hervorgesprungen bist, und das große Messer: Richtig zum Angst kriegen, wo hast Du denn das gelernt? Ich bin begeistert.

Räuber: *(versucht verzweifelt, Hanna irgendwie Angst einzujagen)* Ich kann Dich umbringen, guck Dir mal das Messer an und das Beil, …

Hanna lässt das kalt. Sie packt ihr Picknick aus.

Hanna: Komm Räuberchen, wir machen zusammen Picknick.

Räuber: *(reißt Hanna das Essen weg)* Das esse ich allein!
Hanna: *(erst ruhig, dann immer zorniger)* Bisher war das ja Spaß. Wenn Du mir aber mein Essen wegnimmst, hört der Spaß auf. Ich will mit Dir teilen und Du Scheißkerl willst alles allein haben. Das lass ich mir nicht gefallen!
Schließlich nimmt Hanna ihr großes Messer und stößt es dem Räuber in den Bauch. Der strauchelt, spuckt Blut und fällt um.
Hanna: Jetzt war ich wohl etwas zu grob.
Vorhang wird vorgezogen.
Grulei: Unser Sketch muss unterbrochen werden, weil wir einen Verletzten versorgen müssen.
Zuschauer hören Gesprächsbrocken: Hast Du einen Erste-Hilfe-Kurs? Ruf Nummer 112 an! Haben wir einen Arzt hier? Au, der verblutet!
Grulei: *(tritt vor den Vorhang)* Wir müssen das Stück abbrechen.
Die Schauspieler treten einzeln vor den Vorhang. Grulei stellt sie vor, jeweils Rolle und Name des Schauspielers. Zuletzt kommt der Räuber mit dem Messer im Bauch.
Grulei: So ein Messerchen macht doch einer echten Wühlmaus nichts.
Grulei: Und die Moral von der Geschichte ist: Wühlmäuse fürchten sich vor keinem Räuber. ABER
Alle zusammen: Seit es die Wühlmäuse gibt, ist es im Wald gefährlich – aber nur für Räuber!!!

10. 4. 2 Der Tanz der Bäume

Personen: Erzähler, Zweibeiner, Kiefer, Linde, Weide, Eiche, Elsbeere

Erzähler: *(hebt langsam beide Arme und zwei belaubte Äste und spricht betont langsam)* Werdet ruhig und versucht zu leben und zu denken wie die Bäume langsam und in großen Zeiträumen. Bäume leben und denken in anderen Zeiträumen wie Menschen. Sie treffen sich alle 100 Jahre zum kleinen und alle 1.000 Jahre zum großen Treffen. Beim letzten großen Treffen gab es hier noch Urwälder mit Wiesenten, Auerochsen, Wildpferden, Wölfen und Bären, Baumriesen, Lichtungen, Blumen und bunte Schmetterlinge. Jetzt hat sich vieles verändert, was den Bäumen das Leben schwer macht. Aber hört selbst, was die Bäume bewegt und was sie bei ihren Jahrtausendtreff zu beklagen haben.

Kiefer: Zuerst haben die Zweibeiner alles abgehackt und dann ganz dicht gepflanzt und überall nur Kiefern. Da haben sich die blöden Misteln gefreut und kräftig vermehrt. Dann haben sie uns ekelhaften sauren Regen geschickt und danach das Grundwasser abgegraben. Als Krönung von allem machen sie auch noch das Klima kaputt. Es wird immer heißer und trockener. Jetzt sind alle meine Schwestern krank und kriegen Pilz und Käfer. Die

Hälfte ist schon tot und jedes Jahr sterben viele.
Linde: Maikäfer fressen an unseren Blättern. Das ist lästig. Ich habe von Schnaken und Zecken gehört, die sollen auch lästig sein. Aber die bringen niemand um. Die Zweibeiner sind schlimmer. Die bringen alle um. Die haben extra Baum-Tötungs-Maschinen entwickelt. Damit ermorden sie kaltblütig auch die ältesten, ehrwürdigsten Bäume. Ich glaube, die Zweibeiner führen Krieg gegen uns.
Weide: Uns hacken sie dauernd weg, weil unser Holz nicht so hart ist. Aber wir geben doch den Schmetterlingen, Bienen, Hummeln, Schwebfliegen und Käfern viel Nektar und Pollen. Die Zweibeiner denken nur an sich. Aber so haben die ersten Pollensammler auch angefangen. Aber dann haben sie verstanden, dass wir ihnen helfen können. Jetzt machen sie die Befruchtung und dafür bekommen sie von uns Pollen und Nektar. So arbeiten wir zusammen und jeder hat seinen Nutzen.
Eiche: Wir geben ihnen im Sommer Schatten und im Winter Holz zum Wärmen. Wir reinigen die Luft und halten das Wasser fest. So haben die Quellen immer Wasser. Irgendwann werden die Zweibeiner merken, dass sie mit uns besser leben als ohne uns. Lasst doch den Kleinen etwas Zeit. Einige von ihnen können doch ein bisschen denken. Da kann irgendwann mal etwas Positives rauskommen.

Elsbeere: Mich pflanzen sie immer häufiger. Ich glaube, einige Zweibeiner haben schon angefangen zu denken.

Der Tanz

Die Bäume bewegen sich im Rhythmus und schwenken dabei besonders die Äste an ihren Armen.

Wenn die Sonne untergeht –
und ganz sanft ein Lüftlein weht
Schwingen wir die Äste. Es raschelt das Laub.
Wir binden die Hitze, das Wasser, den Staub.
Die Menschen nehmen uns Vielfalt, Wasser und Licht.
Sie kämpfen mit Bodenverdichtung, Motoren und Gift
Und wenn der letzte Baum dann fällt,
werden sie merken, man kann's nicht essen, das blöde Geld.

Es rief vom hohen Berg der alte Baum:

Hört mir zu. Ich hatte einen Traum.
Menschen wollen beenden den Krieg. Sie wollen Frieden.
Jeder Mensch wird Bäume und jeder Baum wird Menschen lieben.
Gemeinsam leben,wie zwei Busen auf einer Brust.
Einander achten und sich helfen, das macht Lust.
Zusammen leben wie ein Liebespaar

Ich glaube, mein Traum, der wird bald wahr.

Bäume entdecken einen Zweibeiner in Anzug, mit weißem Hemd und Krawatte, der mit zwei Stöcken und einer Schnur exakt gerade und sehr dicht pflanzt (Tuja, grüne oder dürre Äste). Das Gebiet um die Pflanzung wird mit Rasenmäher und Scherchen gepflegt.

Eiche: Was machst denn Du da?

Zweibeiner: Ich pflanze Wald. Der muss ganz ordentlich aussehen: Gerade Linien, schön kuschelig dicht und zwischen den Bäumen ein kurzer, sauberer Rasen. Ein so gepflegter Wald ist schön, ordentlich, eine Augenweide. In so einem Wald kann sich jeder wohl fühlen und erholen. So sollten alle Wälder aussehen.

Kiefer: Das sieht aus wie das Wohnzimmer eines Putzteufels, völlig steril und tot. Die Bäume haben keinen Platz zum Wachsen - alles eine Art - keine anderen Bäume - keine Sträucher - keine Blumen - keine Vielfalt. Aber es scheint so, du wolltest etwas Gutes tun.

Zweibeiner: Ja genau, so ordentlich und sauber soll der neue Wald werden.

Linde: Was der Kleine mit dem Wald der Zukunft vorhat, das ist schlimm. Aber er meint es gut. Der hat eine reine Seele. Wenn der mal groß, erwachsen ist und so viel Lebenserfahrung hat, wie wir, dann kann er ein guter Baum werden. Wir sollten ihm dabei

helfen.
Bäume ziehen dem Zweibeiner die Schuhe aus und schauen auf seine Zehen.
Weide: Der hat aber kurze Wurzeln. Wie soll denn der mit den Stummeln genügend Wasser aufnehmen? Bei Sturm fällt der um. Die Stummel stecken in diesen komischen Kisten. Deshalb wachsen die nicht. Wenn die mal richtig in der Erde sind, dann werden sie schon wachsen und länger werden.
Die Bäume stellen den Zweibeiner in ein mindestens knietiefes Loch, schütten Erde hinein. Dann wird er mit Ästen behängt und angegossen.
Eiche: Jetzt siehst Du klasse aus und kannst Dich entwickeln. Wir denken, dass Du ein guter Baum wirst. Beim nächsten Jahrhunderttreff sehen wir uns wieder und freuen uns an Deiner Schönheit.
Der Tanz (Text wie oben)

10.5 Gespräch der Generationen

Vorurteile bewahren jeden davor, alle Kleinigkeiten von Grund auf durchdenken zu müssen. Sie ermöglichen eine schnelle Urteilsfindung und erleichtern damit eine rasche Handlungsfähigkeit.
Gerade in Zeiten von Trump und Corona ist mir aufgefallen, wie lange Menschen an einer einmal einge-

nommenen Meinung festhalten. Auch wenn es überwältigende Belege dafür gibt, dass diese Grundeinstellung falsch ist. Aus meinem Studium erinnere ich mich an eine Studie, in der Studenten, die für längere Zeit in die USA gingen, vorher und nachher nach ihrer Meinung zu den Vereinigten Staaten befragt wurden. Die mit einer positiven Einstellung abreisten, kamen mit einer gefestigten positiven Einstellung zurück und konnten viele Belege für die Richtigkeit ihrer Meinung aufführen. Genauso ging es denen, die mit einer negativen Einstellung gefahren waren. Nur sehr wenige hatten ihre Meinung geändert. Es ist wohl so, dass man Belege für die eigene Meinung mehr oder weniger kritiklos annimmt, während man Gegenargumente sehr genau prüft und meistens ablehnt.

Menschen suchen im Allgemeinen hauptsächlich den Kontakt zu altersgleichen Personen. Das ist gut, denn das sind Menschen, die ähnlich denken und ähnliche Interessen haben. Wenn man das übertreibt, dann wird das Verständnis für Andersdenkende immer kleiner. Es entstehen Unverständnis und Vorurteile wie die „schreienden und unberechenbaren Kinder" und die „völlig verkalkten Alten". Auch mancher Nachbarschaftsstreit hat seine Ursache darin, dass ein Nachbar dem anderen nachsagt, er sei blöd, durchgeknallt und Schlimmeres, weil er dessen Denk- und Handlungsweise nicht versteht. Ähnliches gilt für die

Angehörigen anderer Gruppen: Religionen, Nationen, Parteien und Fußballvereinen, bei denen die Sinnlosigkeit von Vorurteilen vielleicht am deutlichsten wird. Zöge man aus den Fußballstadien und ihrer Umgebung alle Polizisten ab, dann gäbe es mit Sicherheit nicht nur Verletzte, sondern auch Tote, obwohl alle Fans das gleiche Hobby haben.
Um etwas gegen Vorurteile zu tun, haben die Wühlmäuse einmal das „Gespräch der Generationen" organisiert. Es wurde jeweils Dreiergruppen gebildet, aus einem Erwachsenen, einem Jugendlichen und einem Kind. Jeder musste zu folgender Aufgabe Stellung nehmen: „Wenn ich so alt wäre wie Du, dann hätte ich folgende Wünsche." Zuerst spricht der Erwachsene den Jugendlichen an, der danach sagen kann, welche Wünsche er wirklich hat. Dann spricht der Jugendliche das Kind an, danach das Kind den Erwachsenen. Dann der Erwachsene das Kind. Es gibt also sechs kleine Gespräche.
Als die Runde beendet war, kam die nächste Frage: „Wenn ich so alt wäre wie Du, dann hätte ich folgende Probleme." Die Frage wurde genauso behandelt wie die erste. Die Grüppchen hatten sich verteilt und kehrten nach der Behandlung an den gemeinsamen Treffpunkt zurück. Im Plenum berichteten die meisten, dass das Gespräch am Anfang etwas schleppend lief. Danach fanden sie den Verlauf aber recht interessant.

Vielleicht wird es demnächst noch einmal so ein Gespräch der Generationen geben. Dem könnte sich eventuell später noch eine weitere Gesprächsrunde anschließen, mit der Fragestellung: „Was würdest Du machen, wenn man Dir einen Hektar nacktes Land und viel Zeit schenken würde und die Kosten übernähme, wenn Du Werkzeug, Pflanzen und Tiere kaufen willst?" Die Gesprächsgruppen waren mit drei Teilnehmern sehr klein, damit jeder ausreichend zu Wort kommt. Als Ergebnis soll soll mehr Verständnis für Menschen herauskommen, die anders sind. Anders sein, heißt ja nicht schlechter, auch nicht besser sein, sondern eben nur anders und damit manchmal auch interessanter als Menschen, die einem sehr ähnlich sind.

10.6 Wühlmausbanner, Postkarte, Kalender, Beobachtungsstände und Infotafeln

Das Wühlmausbanner gibt es schon. Es ist ein einen Meter auf drei Meter großes Stück Stoff, auf dem alle Gruppen mit Bild und Name zu sehen sind. Er muss nur ständig aktualisiert werden und wird bei besonderen Ereignissen präsentiert.
Eine Postkarte gibt es noch nicht. Auf ihr sollten die

beiden Hauptbetätigungsfelder der Wühler zu sehen sein: Das Naturerleben und der Einsatz für die Artenvielfalt. Heute werden nicht mehr so viel Ansichtskarten verschickt wie früher. Aber gerade deswegen würde sich so manch einer freuen, wenn sie oder er mal so ein Kärtchen bekäme.

Für nächstes Jahr bereiten die beiden achtzehnjährigen Wühlmäuse Antonius und Jan einen Kalender vor. Er soll Tiere und Pflanzen zeigen, die sie in unserer Umgebung fotografiert haben. Außerdem werden die Naturjuwele darin zu sehen sein, die es zu besuchen lohnt. Dazu ist eine kleine Landkarte gedacht, auf der die Ausflugsziele markiert sind. Viele Menschen sind weit gereist und haben eine Menge Besonderheiten auf unserem schönen Planeten gesehen. Aber die Naturgoldstücke ihrer Heimat kennen sie nicht. Deshalb sollen sie neugierig gemacht und zum Aufsuchen dieser besonderen Punkte angeregt werden.

Erwähnt werden sollten noch Beobachtungsstände und Infotafeln an den besonders lohnenden Stellen. Auto- und Radfahrer sind zwar nicht leicht zum Anhalten zu bringen, aber Wanderer machen gern mal ein Päuschen, um etwas zu beobachten oder zu lesen. Es gibt verschiedene Möglichkeiten, um auf die Schönheit der Natur und die Förderung der Artenvielfalt hinzuweisen. Je mehr verschiedene man sie anwendet, umso wirksamer sind sie.

11. Pläne und Ideen

11.1 Der Naturwald an der Galgenbuche: Alte Bäume und Artenvielfalt

Den Begriff „Urwald von morgen“ für unter Schutz gestellte Wälder finde ich unpassend. Wenn in unserem nacheiszeitlichen Urwald ein Baumriese umfiel, dann entstand eine artenreiche Lichtung, die von Auerochsen, Wiesenten, Wildpferden, Elchen und Rothirschen lange erhalten wurde. Diese großen Weidetiere wird es in absehbarer Zeit bei uns nicht geben. Wir brauchen aber arten- und strukturreiche Naturwälder, in denen es alte Bäume und so viel Pflanzen-, Tier- und Pilzarten wie möglich gibt.

Am südlichsten Gipfel des Frankensteinmassivs stehen die Galgenbuchen. Das sind zwei Buchen, die galgenartig zusammengewachsen waren. Beide Buchen sind abgestorben. Nur die Stümpfe stehen noch. Von den Galgenbuchen nach Westen erstreckt sich auf einem halben Hektar ein etwa 150 Jahre alter, sehr lückiger Buchenbestand. Unter ihm wachsen einige bis zu fünf Meter hohe Gruppen von Jungbuchen. Hier wollen die Wühlmäuse alle für diesen Standort geeigneten einheimischen Bäume und Sträucher, die es in der näheren Umgebung nicht gibt, sowie viele Wildblumen pflanzen und säen. So soll ein Hotspot der Artenvielfalt entstehen, der sich dann in die Umgebung ausbreitet. Mindestens von Frühjahr bis Herbst soll es hier blühen, so dass die bedrohten Schmetterlinge und Bienen immer Nektar und Pollen finden.

Vor 25 Jahren habe ich mit Fußballern meines Dorfes Malchen auf einem kleinen Teil dieses Geländes etliche Bäume und Sträucher gepflanzt, so dass man jetzt einen guten Eindruck davon bekommen kann, wie dieser Naturwald einmal aussehen wird. Sehr schön ist eine Stelle, an der eine Wildrose an einer Stechpalme (Ilex aquifolium) emporklimmt und im Juni wunderschön blüht. Der Naturwald an der Galgenbuche könnte zu einem Ausflugsziel werden und den Wald als Ort der Erholung aufwerten.

Revierförster und Forstmeister sind gegen das Projekt. Ihre Argumente sind:

1. Das ist unnatürlich.
2. Es ist zu dunkel.
3. So ein Gärtchen gehört nicht in den Wald.
4. In den Wald gehören Bäume, keine Sträucher.
5. Forstbaumschulen liefern nur große Gebinde, keine Einzelpflanzen.
6. Der Wald ist FSC-zertifiziert. Es dürfen nur FSC-zertifizierte Pflanzen gepflanzt werden, die normale Baumschulen und Gärtnereien nicht haben.
7. Die Wühlmäuse sollen nicht stur an ihrem Projekt festhalten, sondern Kompromisse eingehen.

8. Es gibt viele wunderschöne Projekte im Gemeindewald, an denen die Wühlmäuse teilnehmen können.

Zu 1.

Die unseren Wald umgebenden Holzplantagen sind ein unnatürliches Kunstprodukt. 95 Prozent der Fläche unseres Landes dienen einer einzigen Art: dem Menschen. Auf den verbleibenden fünf Prozent müssen alle anderen Pflanzen und Tiere leben. Zu viel Arten in einem Gebiet gibt es deshalb nicht. Wenn eine ungeeignete Art in unseren Wald kommt, dann wird sie von alleine verschwinden. Schädlich ist sie aber nicht. Aus dem geplanten artenreichen Wald kann sich viel leichter ein echter Naturwald entwickeln als aus den kranken Holzplantagen.

Zu 2.

Nur unter den Jungbuchen ist es dunkel. Wir werden neben diese pflanzen und wenn sie unsere Pflanzungen bedrängen, störende Jungbuchen entfernen.

Zu 3. und 4.

Ausbildung und Arbeit unserer Forstleute ist auf Holzertrag ausgerichtet. Das prägt auch ihr Waldbild. Manche Sträucher und Blumen nehmen Jungbäumen Licht weg. Deshalb können sie im Wirtschaftswald stören und sie haben keinen finanziellen Nutzen. Im Naturwald sind sie aber für unsere bedrohten Insekten unentbehrlich.

Zu 5. und 6.

Die Pflanzen können FSC-zertifizierten Revieren entnommen oder bei einem Aufpreis von den einschlägigen Baumschulen bezogen werden.

Zu 7. und 8.

Ich sollte Bäume und Sträucher vorschlagen. Von meinen 31 Artenvorschlägen wurden sieben Arten bestellt. Bei einigen Projekten haben die Wühlmäuse geholfen. Aber die Motivation wäre viel größer, wenn sie ihr eigenes Projekt durchführen dürften, als wenn es heißt, euch wird erlaubt, unentgeltlich für die zu arbeiten, die euer Projekt ablehnen.
Unser Naturwaldprojekt benötigt einen halben Hektar Wald. Das ist ein Promille des Gemeindewaldes von Seeheim-Jugenheim. Wenn die Gemeinde nicht bereit ist, Geld für das Projekt auszugeben, dann sind die Wühlmäuse und die sie unterstützenden Spender bereit, nicht nur ehrenamtlich zu arbeiten, sondern auch alle anfallenden Kosten zu übernehmen. So sind z. B. Professor Martin Kiehl, Irmgard Fischer und ich bereit 1.000 Euro zu zahlen, wenn es darum geht, unentschlossenen Gemeindevertretern ihre

Entscheidung zu erleichtern und die Gemeindekasse zu schonen. Im Gemeindewald von Seeheim-Jugenheim entscheidet letztendlich die Gemeindevertretung über die Nutzung. Grüne, FDP und die Linke unterstützen unser Projekt. SPD und CDU lehnen es ab. Ich denke, dass viele Gemeinden froh wären, wenn sie eine starke Gruppe mit vielen Kindern, Jugendlichen und Erwachsenen hätten, die ehrenamtlich etwas für die Artenvielfalt tun wollen. So bin ich zuversichtlich, dass die Vertreter beider Parteien irgendwann merken, dass solch ein Kleinod den Bürgern ihrer Gemeinde nicht schadet, sondern dass sie es schön und nützlich finden. Seit der Kommunalwahl 2021 haben die Artenarmutsparteien nur noch einen Sitz mehr in der Gemeindevertretung als die Parteien, die unser Projekt unterstützen. So kommen wir der Genehmigung allmählich näher.

11.2 Klimawald

In unseren Staatswäldern gibt es für die Bewirtschaftung nur die volle oder gar keine wirtschaftliche Nutzung, sowie die geschützten Habitatbäume, also einzelne Altbäume, meist mit Spechthöhlen. Wald ist aber sehr vielfältig. Da sind drei Möglichkeiten zu wenig. Eine weitere Möglichkeit wäre ein Standort, der trocken und warm ist und in den nur Bäume gepflanzt oder gesät werden, die auch bei weiter fortschreitendem Klimawandel überleben und von unserer Tierwelt angenommen werden. Das sind Holzarten, die es hier schon jetzt gibt oder von der verwandte Arten hier wachsen. Solche Arten sind Esskastanie, Walnuss, Traubeneiche, Zerreiche, Flaumeiche, Hainbuche, Elsbeere, Kiefer, Speierling und Baumhasel. Die meisten sind heimisch. Zerr- und Flaumeiche sind so eng mit unseren Eichen verwandt, dass sowohl Früchte als auch Blätter von einheimischen Tiere genutzt werden. Den Baumhasel gab es hier vor der Eiszeit und in Süd-Ost-Europa ist er heimisch. Er hat Früchte, die unseren Haselnüssen sehr ähnlich sind und von vielen heimischen Tieren und Menschen begehrt werden. Bei uns werden seit ungefähr 40 Jahren viele als Alleebäume gepflanzt. Ältere Bäume findet man hier nicht. Aber im Stadtpark von Kirchheimbolanden steht ein solches Exemplar. Es ist kerzengerade, gesund und hat einen Brusthöhenumfang von genau drei Metern. Wenn man die Wirkung auf die heimische Tierwelt außer Acht lässt und nur auf den Holzertrag schaut, dann gehören auch Douglasie und Roteiche in einen solchen Klimawald.

11.3 Fruchtwald

Wenn eine Gemeinde ihren Bürgern etwas Gutes tun will, dann ist dazu die Anlage eines Fruchtwaldes geeignet, der nicht sehr groß und in der Nähe des Ortes sein sollte. In diesen werden nur Bäume, Sträucher und Krautpflanzen gebracht, die Essbares für Menschen bieten. Als Bäume bieten sich an: Esskastanie, Speierling, Walnuss, Elsbeere, Eberesche, Eibe, Wildbirne und Wildapfel.

Bei der Eberesche ist die rotorange, großfrüchtige Form milder im Geschmack als die gelborange Form. Bei der Eibe sind alle Pflanzenteile giftig. Nur das Fruchtfleisch der Beeren ist süß und essbar. Statt der wilden Äpfel und Birnen könnten auch alte Sorten genommen werden, die ohne Pflege auskommen, wie Bonapfel und Goldparmäne. Bei den Birnen könnten es auch Betzelbirne und Mollebusch sein. Zuerst werden mit einigem Abstand die Großbäume Esskastanie und Speierling gepflanzt. Der Pflanzabstand kann 10 bis 30 Meter betragen, je nachdem, wie fruchtbar der Standort ist und ob man viel oder wenig andere Bäume dazwischen pflanzen will. Zwischen die Großbäume kommt die viel Schatten vertragende Eibe. Die übrigen Bäume werden dazwischen oder an den Rand platziert.

Fast alle Sträucher haben essbare Früchte. Besonders

zu empfehlen sind Haselnuss, Schwarzer Hollunder, Himbeere, Schlehe und Rosen. Wobei die Apfelrose besonders große Früchte hat. Kornellkirsche und Berberitze (Sauerdorn) haben saure Früchte. Bei Brombeeren muss das In-die-Fläche-wachsen mindestens einmal im Jahr gebremst werde. Bei Stachel-, Him-, roter und schwarzer Johannisbeere ist die jeweilige Wildform robuster. Die Kulturformen tragen aber mehr Früchte. An der Südseite kann man auch eine robuste Weinsorte, (z. B. die Mönchsrebe) die Bäume hochwuchern lassen.
Essbare Krautpflanzen, die Schatten vertragen, sind Bärlauch, Scharbockskraut und Sauerklee. Alle drei wollen es etwas feucht haben und wachsen gut unter Laubbäumen. Ähnliches gilt für Giersch und Knoblauchsrauke. Da die Bäume mit einigem Abstand gepflanzt werden müssen, gibt es am Anfang viel Licht zwischen ihnen. Da wachsen auch die meisten anderen essbaren Kräuter, die später nur noch im Randbereich gedeihen können.

Weiterführende Literatur gibt es dazu im Bereich der Permakultur. Ein Beispiel ist: Robert A. de J. Hart: Die Wald-Gärtnerei, ISBN 3-929321-05 X, Pala-Verlag.

11.4 Birkenallee: Von der Monokultur zur Vielfalt

Fast alle Alleen sind Monokulturen. Sie haben nie oder nur zwei Wochen im Jahr Nektar und Pollen. 50 Wochen lang haben sie nichts. Solange müssen die hungernden Nektarsammler einen Bogen um sie machen, um in unserer ausgeräumten Landschaft irgendwo einen Tropfen Nektar oder ein bisschen Pollen zu finden. Lange 50 Wochen haben diese Alleebäume für Schmetterlingen und Bienen den gleichen Wert wie Kunststoffbäume.

Das muss nicht sein. Auch in Alleen können verschiedene Baumarten wachsen. Den alten Baumbestand beseitigen, um eine Mischung anzupflanzen, finde ich nicht gut, weil bei uns alte Bäume fehlen, sie ein prägendes Landschaftsbestandteil sind und das erhebliche Kosten mit sich brächte. Wenn aber in so einer Monoallee ein Baum ausfällt, dann sollte nicht die gleiche Baumart nachgepflanzt werden, wie das allgemein üblich ist, sondern eine andere. So kann eine Allee allmählich immer abwechslungsreicher und wertvoller werden. Ein Baumwechsel ist außerdem so gut wie der Fruchtwechsel auf Feldern. Die Bäume sind gesünder, als wenn an der gleichen Stelle wieder die gleiche Baumart nachgepflanzt wird. Weiterhin gilt auch hier, dass sich Schädlinge in einer Monokultur leichter ver-

mehren als in einer Mischkultur. Ich kenne eine Eichenallee, in der vor vier Jahren an jedem Baum ein Nest mit Eichenprozessionsspinnern hing.
In der Nähe meines Wohnortes, zwischen Jugenheim und Bickenbach gibt es eine Birkenallee. Sie besteht aus 55 Birken, zwischen denen sich 41 Lücken befinden, in die man andere Bäume pflanzen kann. Birken befinden sich hier bei uns an der Südgrenze ihrer Verbreitung und leiden sehr in trockenen, heißen Jahren. Außerdem werden die Bäume der Monokultur vom Weidenbohrer, einem Holzschädling, geschwächt. In die Lücken können folgende Baumarten gepflanzt werden: Esskastanie, Speierling, Elsbeere, Kirschen, Steinweichsel, Mehlbeere, Linden- und Ahornarten. Eine weitere Erhöhung der Artenvielfalt wäre möglich, in dem man auf der Südseite der Allee, aus der der Wind meist bläst, jeweils zwischen zwei Bäume einen Großstrauch plaziert: Haselnuss, Weißdorn, Schwarzer Hollunder, Goldregen oder Pimpernuss.
Die Straße und das Gelände, auf dem die Bäume stehen, gehören dem Landkreis, wo über eine Bepflanzung der Lücken beraten wird. In Absprache mit dem Landkreis könnten auch der NABU oder die Wühlmäuse die Bepflanzung übernehmen. Finanzieren ließe sich die Aktion durch Spender, deren Namen zusammen mit dem Namen der Baumart auf Schildchen an die Bäume gehängt würde.

11.5 Trockenbiotop mit Streuobstwiese

Bei uns an der nördlichen Bergstraße gibt es zwei Probleme. Es soll hier auch noch Menschen geben, die weitere Probleme haben. Aber die will ich jetzt mal ignorieren. Vor dem Bergstraßenhang liegt ein breiter Streifen Sanddünen. Sie sind in der Eiszeit vom Rhein dorthin gewandert und haben auch verschieden weit den Hang überweht. Sie sind kalkhaltig, nährstoffarm, können schlecht Wasser speichern und beherbergen eine Menge seltener Pflanzen. Auf ihrer Oberfläche hat sich allmählich eine kleine Muttererdeschicht gebildet und jetzt werden sie über die Luft gedüngt. Pro Jahr und Hektar kommen mit dem Regen 60 bis 80 Kilogramm Stickstoff auf die Dünen. Er stammt aus Abgasen und Verbrennungen. Diese Düngung bewirkt, dass sich große und häufige Pflanzen auf den Dünen ansiedeln und den kleinen Trockenlandpflanzen das Licht wegnehmen. Deshalb werden sie immer seltener. Das andere Problem ist, dass Naturschützer Streuobstwiesen anlegen möchten. Die frisch gepflanzten Bäume leiden aber unter Wasser- und Nährstoffmangel. Sie müssen jahrelang gegossen werden, was viel Zeit und Arbeitskraft bindet, die für andere Projekte verloren gehen. Trotzdem wachsen die Obstbäume nach diesem enormen Zeitaufwand nicht besonders gut. Um diese beiden Probleme zusammen anzugehen, haben sich die Wühlmäuse folgendes Projekt ausgedacht: Von der Hälfte oder Zweidritteln einer größeren Fläche wird der Mutterboden abgeschoben und auf dem Rest der Fläche verteilt. Dieser Flächenanteil hat danach eine dicke Muttererdeschicht und gibt Obstbäumen mehr Nährstoffe und mehr Wasser, denn Muttererde hält das Wasser besser als reiner Sand. Der Rest der Fläche sieht dann aus wie die Dünen nach der Eiszeit. Auf diesem extrem nährstoffarmen Sand können die seltenen Magerlandpflanzen gut wachsen.

11.6 Tor zur Bergstraße

Das 1.000-Einwohner-Dorf Malchen liegt am Nordende der Bergstraße. Sie beginnt da, wo die Wühlmäuse aktiv sind. Da bietet es sich an, Wanderer durch ein Tor gehen zu lassen. Es könnte aus zwei, drei schönen Stämmchen bestehen, an die Wühlmäuse aus Naturmaterialien entstandene Kunstwerke hängen. Außerdem gehören dort noch ein paar Informationen zur Bergstraße hin. Sie ist eines der wärmsten Gebiete Deutschlands, mit einem anderen Klima als die angrenzenden Gebiete Ried und Odenwald. Berühmt wurde sie, weil es hier die früheste Baumblüte Deutschlands, die Kirschblüte, gibt. Inzwischen ist aber der größte Teil des Bergstraßenhangs mit Häusern zugebaut und ab Alsbach, dem vierten Ort der Bergstraße, dominiert der Weinbau. Um die Ortschaften Seeheim und Jugenheim gibt es nur noch wenig unbebautes Gebiet. Allein um das Dorf Malchen herum ist noch viel von dem ehemaligen Nebenerwerbs-Obstbau geblieben. Das Gebiet ist jetzt ein Mosaik aus sehr gepflegten, wenig gepflegten und verwilderten Grundstücken, in dem sich vielfältiges, schützenswertes Leben entwickeln konnte. Darauf könnte das Tor zur Bergstraße hinweisen.

11.7 Natürliche Zäune und andere Abgrenzungen

Die Landschaft wird häufig mit Mauern und hässlichen Zäunen verschandelt, die obendrein für viele Tiere, z. B. Igel, unpassierbar sind. Viel schöner und naturverträglicher sind Abgrenzungen aus Naturmaterialien: Hecken, Zäune aus Reisig, Ästen, Palisaden, Trockenmauern aus Steinen, Graswasenaufschichtungen, Erdwälle und Abgrenzungen, die aus verschiedenen Materialien kombiniert werden. Solche Abgrenzungen bieten oft Lebensraum und Verstecke für viele Tiere.

Reizvoll wäre der Versuch, eine vollständige bebilderte Zusammenstellung aller natürlichen Zäune und anderen Abgrenzungen zu erstellen.

11.8 Milchhof

Jetzt kommen noch zwei Projekte, die für mich und die Wühlmäuse zu groß sind. Mit Milchhof ist ein Anwesen gemeint, in dem alle milchgebenden Tiere gehalten werden. Das sind nicht nur Kühe, Schafe und Ziegen, sondern auch Wasserbüffel, Yaks, Lamas, Pferde und Kamele. Mit Sicherheit ist diese Aufzählung nicht vollständig. Zum Milchhof würde ein Restaurant gehören, in dem man alle Milcharten probieren kann. Bei den schwer zu erwirtschaftenden Milcharten könnte der Preis für ein Schnapsglas Milch ein Euro sein. Ich ginge gern hin und würde alle Milcharten probieren. Die Besichtigung des Milchzoos wäre eine zusätzliche Attraktion.

11.9 Land für Wisent, Ur, Tarpan, Elch, Rot- und Damhirsch

Wir brauchen einen Nationalpark mit allen einheimischen Tieren und Pflanzen, die in diesem Park leben können. Der Fokus sollte dabei auf der Megafauna, auf

unseren Großtieren, liegen: Wisente, Auerochsen, Wildpferde, Elche und Rot- und Damhirsche. Wisente und Rothirsche könnte man einsetzen, wenn sie nicht sowieso schon da sind. Das Gleiche gilt für Elche. Wenn das Gebiet weit genug im Osten liegt, könnte man auch darauf warten, dass sie von allein einwandern. Eine weitere Möglichkeit ist, einen Elchbullen und einige Elchkühe auszusetzen. Aus Polen, wo es 3.500 bis 4.000 Elche gibt, kommen ständig junge Elchbullen nach Deutschland. Sie würden sich den ausgesetzten anschließen und Inzucht verhindern.
Unsere Wildpferde, die Waldtarpane und die Ure oder Auerochsen, wurden ausgerottet. Inzwischen gibt es Rückkreuzungen, die im Aussehen den Urtieren recht ähnlich und auch wetterfest sind. Gut gelungen ist die Rückkreuzung bei den Pferden, den Koniks. Der Name ist von dem polnischen Wort für Pferdchen abgeleitet. Sie stammen hauptsächlich von im 19. Jahrhundert in Polen eingefangenen Wildpferden ab.
Schwieriger ist die Situation bei den Auerochsen. Vor etwa 100 Jahren vertraten die Brüder Heck die Auffassung, dass alle Erbanlagen der Ure noch vorhanden seien. Sie wären nur auf verschiedene Rinderrassen verteilt. Wenn man ursprüngliche Rinderrassen kreuzt und die richtigen Nachkommen weiterzüchtet, bekommt man echte Auerochsen. Die Brüder Heck waren Zoodirektoren in Berlin und München und sie

fanden viele Unterstützer. Das Resultat sind die Heckrinder. Sie sind etwas kurzbeinig. Deshalb wurden langbeinige Rinder eingekreuzt. Das Ergebnis sind die Taurusrinder. Es wird weiter gekreuzt und ausgelesen, damit sie den Auerochsen noch ähnlicher werden. Ich fände es besser, wenn man das Genom der Ure als Maßstab nähme. Dass unsere Rinder von Auerochsen des Nahen Ostens abstammen, sehe ich nicht als Hindernis. Denn diese waren mit unseren erbgleich oder sehr eng verwandt. Die Abbildzüchtungen sind wetterfest und haben mit großer Sicherheit das gleiche Nahrungsspektrum wie die Urtiere. Ich würde deshalb die Koniks und die Taurusrinder mit aussetzen.

Damhirsche wurden während der Eiszeit auf die Mittelmeerhalbinseln zurückgedrängt und konnten in der Nacheiszeit nicht zu uns einwandern, weil sie auf der Pyrenäen-, Appenin- und Balkanhalbinsel ausgerottet wurden. Aus Anatolien kamen sie später zu uns. Ich würde sie als einheimisch anerkennen und mit aussetzen.

Weidetiere sind ortstreu. Die meisten würden im Gebiet bleiben, so lange sie genug Futter haben. Wenn sie zu viel werden, wäre es das Beste, wenn das Wölfe, Bären und Luchse regulierten. Wenn das nicht funktioniert, könnte man die Überpopulation bei den seltenen Tierarten möglichst durch Einfangen entfernen.

Das Gebiet sollte aus arten- und strukturreichen Wäldern bestehen, wie ich sie unter„9.14 Projekte zum arten- und strukturreichen Naturwald“ (Seite 140) beschrieben habe. Gut sind Lichtungen, weil sie eine eigene Flora und damit auch Fauna beherbergen. Lichtungen würden viel länger bestehen als im „Normalwald“. Die großen Weidetiere fräßen sie immer wieder frei. Gut wären kleine und große Wiesen, weil sie mehr und nährstoffreichere Nahrung bieten, als die Schattenpflanzen im Wald.

Der Megafauna-Nationalpark gäbe vielen Menschen die Möglichkeit große einheimische Tiere zu beobachten. Das halte ich aus zwei Gründen für wichtig.

Erstens sollten wir möglichst vielen Menschen möglichst viele eindrucksvolle Naturerlebnisse bieten. Das tut ihrer Seele gut und zeigt ihnen, wie schön Natur sein kann. Das wird auch ihre Bereitschaft erhöhen, sich für eine gesunde Natur einzusetzen.

Der zweite Grund ist, dass man mit Beobachtungshotels auf großen Wiesen und Führungen Arbeitsplätze zur Pflege des Parks in der Nationalparkregion schaffen und so die Akzeptanz für so ein Experiment fördern kann.

Dünn besiedelte Gebiete werden wegen mangelnder Arbeitsplätze immer menschenleerer und damit immer besser geeignet für einen Megafauna-Nationalpark. Auch stillgelegte Truppenübungsplätze wären sehr gut. Die Menschen müssten ihren Wohnort nicht wechseln. Ähnlich wie im Wisentnationalpark Bialowieca im Grenzgebiet von Polen und Belarus, in dem es auch bewohnte Dörfer gibt. Gut wäre es, wenn mehrere Gebiete geprüft würden und dann das Gebiet genommen wird, in dem die Akzeptanz durch die Bevölkerung am größten ist.

Wie groß so ein Wildpark ohne Zaun sein muss und wie viele solcher oder ähnlicher Gebiete es letztendlich werden können, darüber muss noch kräftig geforscht werden und diese Forschung sollte bald beginnen. Der in diesem mitteleuropäischen Safariland wachsende Wald würde nach einiger Zeit den Namen Urwald von morgen verdienen, weil in ihm ähnliche Bedingungen herrschen wie in der Nacheiszeit, bevor der Mensch den Wald veränderte.

Abgesehen von ein paar Latschenwäldem in den Alpen, gibt es in Mitteleuropa keinen echten Urwald. Wie im Flachland und in den Mittelgebirgen der Urwald bei uns genau aussah, weiß niemand. Der Megafauna-Nationalpark hätte mit Sicherheit bald etliche Elemente des alten Urwaldes und könnte damit als ein Vorbild für weitere Naturwaldprojekte dienen.

12. Mensch und Natur

12.1 Gegner der Artenvielfalt

Ich kenne niemanden, der von sich sagt, er sei ein Gegner der Artenvielfalt. Menschen, die den Artenreichtum verringern, tun dies meistens aus wirtschaftlichen Gründen. Sie versiegeln den Boden durch Häuser und Straßenbau, bauen Häuser mit ungenutzten Dächern, setzen Gift ein, vergrößern die Felder, vernichten Ackerrandstreifen und reduzieren den Wald auf Monokulturen aus altersgleichen Nutzholzbaumarten. All das gehört auf den Prüfstand. Viele Schäden könnten verringert werden.

Ohne finanziellen Aufwand sind die Möglichkeiten da, wo es nur eine Bewusstseins-Angelegenheit ist. Das Ziel: „Die Natur muss sauber und ordentlich sein," ist in seinen Auswirkungen oft artenfeindlich: Geranien, Forsythien, gefüllte Blüten, nektararme, großblütige Züchtungen, wöchentlich geschnittener Rasen, Pflanzen aus anderen Kontinenten und Alleen mit nur einer Baumart sind nicht gut. Die Alternativen dazu habe ich bereits beschrieben.

Änderungen an Überzeugungen, Bewusstsein und Vorurteilen gibt es bei manchen Menschen kaum. Bei anderen dauert es sehr lange. Aber es gibt auch Menschen, die offen sind, die sich von Tatsachen überzeugen lassen. Das Artensterben ist so eine traurige, bittere Tatsache. Gespräche sind gut. Der Vergleich zwischen Sterilgarten und Naturgarten kann auch hilfreich sein. Die Tatsache, dass in einem Garten mit viel Natur einiges gegen das Artensterben getan wird und auch, dass man darin viel beobachten kann, was nicht nur schön, sondern auch nützlich und spannend ist, wird immer mehr Befürworter finden.

12.2 Jagd

Für die Artenvielfalt besonders problematisch sind die Rehe, weil sie Abwechslung mögen und so bevorzugt seltene Pflanzen verzehren. Sie werden ganzjährig gejagt, im Winter die Ricken und im Sommer die Böcke. Der Druck vom Forst und von Naturschützern bewirkt, dass neuerdings sehr viele Jäger versuchen, den zu hohen Rehwildbestand zu reduzieren. Sie schießen die Rehe, die ihnen vor die Flinte kommen. Natürlich nur die, die gerade zur Jagd frei gegeben sind. Die besonders scheuen Tiere kriegen sie nicht. So führen die Rehe ein immer heimlicheres Leben. Die meisten Menschen sehen nur selten ein Reh und trotzdem bleibt der Rehwildbestand und der von ihm erzeugte Schaden hoch.

Würde man den Abschuss der Rehböcke auch im Winter erlauben, wären Treibjagden möglich, bei denen alle Rehe geschossen werden. So könnte man den Rehwildbestand leicht reduzieren und auch die allerscheuesten Tiere könnten erlegt werden. Die Rehe würden weniger und aus zwei Gründen wäre für Normalmenschen die Chance höher, Rehe zu beobachten:

1. Weil bei den Treibjagden scheue und nicht so scheue Rehe die gleichen Überlebenschancen haben und deshalb viel mehr als jetzt scheue Rehe erlegt werden und damit der Anteil der vertrauteren steigt.
2. Wenn sich die Rehjagd auf wenige Tage im Jahr beschränkt, würde das die Tiere insgesamt vertrauter machen.

Gegen diese Lösung spricht, dass die Rehböcke im November und Dezember ihr Gehörn abwerfen, das erst im März oder April nachgewachsen ist. Deshalb würden Rehböcke geschossen werden, die kein Gehörn haben und die Jäger diese schönen Erinnerungsstücke nicht an die Wand hängen könnten. Ich meine, der Preis für die jetzt praktizierte Trophäenjagd sei zu hoch. Artenreichtum und das Naturerleben vieler Menschen sei wichtiger. Das befürwortet der Ökologische Jagdverband, der seine Ziele an der Artenvielfalt orientiert. Während der Jagdschutzverband, der seit 2013 Deutscher Jagdverband heißt, Schutz von Wild, Jagd und Natur als Ziele hat. Für ihn bleibt der Schutz der Jagd und damit auch der Trophäenjagd wichtig. 2019 hat er 250.623 Mitglieder (Deutscher Jagdverband, Handbuch 2021). Der Ökogische Jagdverband nur 2.706 (Wikipedia, 21.10.2022), die zu Treib- und Drückjagden oft nicht eingeladen werden. Da der Deutscher Jagdverband auch eine effektive Lobbyarbeit betreibt, ist bei der Jagd vorerst leider nicht mit Reformen zu rechnen.

12.3 Die Halbwilden

Menschen, für die Essen aus dem Supermarkt und Unterhaltung aus der Konserve (TV, PC, Handy) kommt, in deren Bewusstsein hat Natur keinen großen Wert. Um ein Verhältnis zur Natur zu entwickeln, sind Haustiere gut. Die meisten sind groß, ungefährlich und man kann sie anfassen. Aber nicht alle sind für die Bewusstseinsbildung gleichwertig. Das gequält wachsende Fleisch der Massentierhaltung ist eher abschreckend. Weidetiere sind da schon wesentlich besser. Spieltiere, die einigermaßen artgerecht gehalten werden, sind sehr wirksam, vor allem für Kinder. Näher an die Natur heran führen Tiere, die mehr oder weniger frei laufen dürfen, wobei allerdings Katzen und Hunde viele Wildtiere umbringen oder stören. Wenn ein Vogel oft oder zu lange sein Gelege verlässt, dann

werden die Eier kalt und die Embryonen sterben, obwohl der „harmlose“ Hund kein Tier berührt.
Unterschätzt werden Hühner. Mit vielen kann man kuscheln. Sie fressen freilaufend fast nur Gras, wenn sie genügend Auswahl haben. Alle anderen Pflanzen lassen sie wachsen. Wenn sie sich an einen eierlege- und fuchssicheren Schlafplatz gewöhnt haben, kann man sie sogar ohne Zaun halten. Sie entfernen sich nur etwa 50 Meter von ihrem Zuhause. Ein Hahn bringt etwas Ordnung in die Hühnerschar, aber auch ohne Hahn legen die Hühner Eier. Ich finde jede noch so kleine Initiative gut, die etwas zur Verringerung der millionenfachen erlaubten Tierquälerei beiträgt, wie sie in der Massentierhaltung praktiziert wird.
Es wird oft viel zu stark zwischen Haus- und Nutztier unterschieden. Der krasseste Fall ist der „Carnismo“. Damit ist das Verhalten von Menschen gemeint, die Haustiere als Familienmitglieder und besser als manche Menschen behandeln und gleichzeitig die Massentierhaltung aktiv unterstützen, indem sie regelmäßig Billigfleisch aus dem Supermarkt essen.
Besonders interessant sind die „Halbwilden“. Also Tiere, bei denen man nicht so ganz genau weiß, ob sie Haus- oder Wildtiere sind, wie Bienen und Stadttauben. Der Film „More than honey“ zeigt sehr deutlich den Unterschied der industriellen Bienenhaltung, wie er in den USA üblich ist und vielen Initiativen, die

Rücksicht nehmen auf Gemeinschaftsleben, Instinkte und weitere Besonderheiten der Bienen, wie sie heute in vielen Varianten bei uns üblich sind. Wer Bienen halten möchte, dem empfehle ich, ein Jahr mit einem erfahrenen Imker zusammenzuarbeiten.
Die Stadttauben stammen von der im Mittelmeerraum lebenden Felsentaube ab. Ob es heute noch reinerbige Felsentauben gibt, darüber streiten sich die Fachleute. Jedenfalls sind unsere Stadttauben verschieden eng mit der Felsentaube verwandt und auch unterschiedlich weit auf menschliche Hilfe angewiesen.
Viele Wildtiere kommen uns Menschen näher. In meiner Jugend waren z. B. Eichelhäher und Ringeltaube reine Waldvögel. Sogar die Amsel soll früher ein scheuer Waldvogel gewesen sein. Vor allem in städtischen Parks wird die Abgrenzung zwischen Haus- und Wildtier immer schwieriger. Straßentauben, Enten, Gänse, Schwäne, Eichhörnchen und Nutrias sind nur einige der Tierarten, bei denen es Individuen gibt, die wie Haustiere Nahrung aus menschlicher Hand annehmen. Es ist zu erwarten, dass weitere Tiere ihre Scheu und die Fluchtdistanz zum Menschen verringern und so noch leichter beobachtet werden können.
An Futterhäuschen können Vögel im Winter gut beobachtet und auch von Laien leicht bestimmt werden. Ganzjahresfütterung finde ich nicht so gut, denn sie

bewirkt, dass Vögel mehr werden. Die fressen dann auch mehr Insekten und gefressene Insekten bekommen keinen Nachwuchs und so werden die durch Gift und Landschaftsausräumung stark gebeutelten Insekten noch weniger, was dann auch die Vögel weniger werden lässt.
Auch große Wildtiere können immer besser beobachtet werden. Das gilt schon seit langem für die eleganten Schwäne. In manchen Städten sieht man Füchse und Wildschweine auch am Tag. Aus Rumänien hörte ich, dass sogar Wölfe und Bären in Ortschaften kommen. Wenn man genügend Abstand hält und Hunde diese großen Tiere nicht angreifen, dann sind sie nicht gefährlich. Auch Rehe kamen vor 10 bis 30 Jahren immer häufiger in meinen Garten. Mir hat einmal beim Wäsche aufhängen ein sitzendes Reh aus rund 30 Metern Entfernung zugeschaut und blieb auch sitzen, als ich ging.
Jetzt wird auf Jäger wegen des zu hohen Bestandes Druck ausgeübt. Sie sollen mehr schießen. Wegen der unter dem Abschnitt „12.2 Jagd“ (Seite 198) näher beschriebenen Jagdgesetze sind sie dabei sehr eingeschränkt und können den Abschuss kaum erfüllen. Die scheuesten Rehe erwischen sie nicht. Deshalb schießen sie die vertrauteren. Seit mindestens fünf Jahren habe ich in meinem Garten kein Reh mehr gesehen.

Der vereinfachte Kontakt mit Tieren, lässt bei vielen eine Zuneigung zu ihnen wachsen und so das Bewusstsein für den Wert der Tiere und der Natur leichter entstehen. Ähnlich ist es beim Beobachten und Arbeiten im Garten. Weiter wachsen kann das Verhältnis zur Natur, wenn man an besonders schönen Plätzen die Natur beobachtet und auf sich einwirken lässt. Bewiesen ist, dass Menschen, die in einer artenreichen Natur leben, zufriedener sind als Menschen, denen das verwehrt ist. So ist zu hoffen, dass immer mehr Menschen ein noch engeres Verhältnis zu Tieren und Pflanzen entwickeln und so immer mehr im Einklang mit der Natur leben, sie genießen und sich für eine weitere Bereicherung unserer lebendigen Umwelt einsetzen.

12.4 Zusammenleben von Mensch und Natur

Früher hörte ich oft: „Natur muss sich frei entwickeln. Wenn Menschen eingreifen, wird alles schlechter.“ Wenn ein Gebiet unter Schutz gestellt wird, dann werden zum Schutze der Natur oft die Menschen ausgesperrt.
In Dänemark erfuhr ich, dass aus einem Naturschutzgebiet die Kühe verbannt wurden, weil sie angeblich in

die Nester von Bodenbrütern getreten haben. Daraufhin wuchs das Gras immer höher und die Zahl der brütenden Vögel wurde von Jahr zu Jahr weniger. Daraufhin holte man die Kühe wieder ins Gebiet und die Bodenbrüter wurden wieder mehr.

Bei einer Dünenexkursion zeigte der Wildbienenexperte Stefan Tischendorf die Silbersandbiene (Andrena argentata), die über einem Trampelpfad hin und her flog. Dazu erklärte der Experte, dass diese Solitärbienenart ihre Brutlöcher nur auf Trampelpfaden anlegt. Der lockere Sand neben dem Pfad ist für diese Bienenart untauglich. Früher wurden diese Pfade von Wildpferden und Auerochsen angelegt. Heute sind wir als Ochsenersatz lebensnotwendig für diese Bienenart.

An besucherfreien Tagen leiden viele Zootiere unter Langeweile. Sie brauchen die Abwechslung, welche die Besucher bringen.

Die zoologischen Gärten haben eine großartige und beispielhafte Entwicklung gemacht. Einst waren es Tiervernichtungsanstalten. Wildtiere wurden gefangen. Damit das gelang, mussten oft Elterntiere getötet werden. Dann kamen die Tiere in die Zoos, in kleine Käfige und blieben dort, bis sie nach verschieden langen Leidenszeiten eingegangen waren. Heute gibt es fast keine Wildfänge mehr. Die Zoos züchten oft mehr Nachkommen, als sie beherbergen können. Viele be-

teiligen sich an Auswilderungsprogrammen, so dass sie einen aktiven Beitrag zur Artenvielfalt leisten. So waren Wisent und Przewalskipferd in der Wildnis ausgestorben. In Wildparks gab es aber noch welche. Sie wurden vermehrt und ausgewildert, so dass es heute wieder gute und mehr werdende Bestände in der Wildnis gibt. Ähnlich ging es unserer einzigen einheimischen Schildkröte, der europäischen Sumpfschildkröte und dem Waldrapp, einem hühnergroßen Vogel mit nach unten gebogenem Schnabel. Die Gehege in Zoos und Wildparks werden immer naturähnlicher und größer. Ein Angestellter des Wildparks Sababurg erzählte mir, dass Besucher ihr Eintrittsgeld zurückhaben wollten, weil sie keine Tiere gesehen hatten. So groß sind dort die von Bäumen und Buschreihen durchzogenen Wiesengehege.
Sehr zuversichtlich stimmt mich die Tatsache, dass in immer mehr Gärten Naturecken entstehen. Da wird ein Nistkasten aufgehängt, eine Ecke wild wachsen lassen, eine Forsythie durch eine Kornelkirsche ersetzt, ein Stück Rasen in eine Blumenwiese verwandelt oder im Vorgarten die Schotterwüste in einen schönen Steingarten verwandelt. Man muss sich nicht entscheiden, ob man einen Steril- oder Naturgarten haben möchte. Jedes kleine Stückchen Natur hilft etwas. Irgendwann kann ja auch noch ein zweites Schrittchen folgen.

Unsere Kirchen befinden sich in einer wunderbaren Entwicklung weg von der Haltung „Macht euch die Erde untertan“ hin zur „Bewahrung der Schöpfung“. In einer ähnlichen Entwicklung befinden wir uns. Weg von “Die gesamte Landesfläche ist für das materielle Wohl und das Schönheitsempfinden der Menschen zu nutzen.“ Hin zu einem eng verzahnten Leben im Einklang mit der Natur.
Dafür sind noch viele Initiativen möglich. In unserer wunderbaren Staatsform, der Demokratie, kann jeder etwas für tun.

13. Rückblicke alter Wühlmäuse

Wie sehen Jugendliche, die jahrelang aktiv bei den Wühlmäusen waren, diese Zeit aus der Distanz späterer Jahre? Warum blieben sie so lange dabei? Hat die Zeit ihr späteres Denken und Handeln beeinflusst?

Lukas Jarosch

Was habe ich aus den Wühlmäusen bis heute mitgenommen?

Im ersten Moment gar nicht so einfach zu beantworten, da es viele verschiedene und vielseitige Aktivitäten sind, die wir immer bei unseren Treffen bei den Wühlmäusen gemacht haben.
Ich habe durch die Wühlmäuse einen guten Bezug zur Natur bekommen, ich bin super gerne draußen und genieße es in der Natur zu sein. Außerdem habe ich gelernt, einige Bäume zu unterscheiden und Vögel wie den Buntspecht und Schwarzspecht anhand ihres Klopfens und Gesangs zu unterscheiden. Insgesamt habe ich super viele Sachen in Bezug auf die Natur gelernt und die Lebenseinstellung gewonnen, dass gemeinsam mit Freunden draußen etwas zu machen wesentlich erfüllender ist als daheim am Bildschirm Zeit zu verbringen.

Außerdem habe ich durch die Wühlmäuse eine ganz andere Art zu Reisen als mit der Familie kennen gelernt. Die Paddelfreizeiten, aber auch das Wandern in Österreich und vor allem unsere Norwegenreise waren super bereichernd und immer die Highlights. Abends einfach irgendwo das Zelt aufschlagen und im Freien zu übernachten, das hat mich geprägt. Außerdem habe ich bei den Wühlmäusen gelernt, richtig tolle Lagerfeuer machen. Das Kochen auf dem Feuer war immer toll.

Und neben diesen Reisen waren die Arbeitseinsätze auch immer super, es hat Spaß gemacht beispielsweise den Hermelin-Weiher anzulegen.

Ich muss sagen, es ist schwer zu sagen, was die Highlights der Wühlmäuse waren. Die gute Mischung aus vielen tollen Erlebnissen und Tätigkeiten war das, was für mich die Wühlmäuse ausgemacht hat.

- gemeinsames Kochen und Waffeln-Backen bei Ecki daheim
- Sommerurlaube
- Arbeitseinsätze
- Lagerfeuer
- auch die Tiere, die später dazu kamen: Hühner und Schafe, die Eselstour war cool
- Freundschaften fürs Leben, auch wenn wir mittlerweile weit verstreut leben

Lili Bauer

Was habe ich aus der Wühlmauszeit bis heute mitgenommen?

Die Wühlmause haben mich viele Jahre in meiner persönlichen Entwicklung geprägt, beeinflusst und begleitet. Neben den ganzen Fakten über die Umwelt und Natur (u. a. über heimische Pilze, Pflanzen und Tiere) die ich mir bis heute merken konnte, waren die Wühlmaustreffen auch immer ein Freundestreffen. Ich glaube, nur weil so viele tolle Menschen mit in der Gruppe waren, haben die Aktionen überhaupt so viel Spaß gemacht, obwohl wir auch manchmal Streit hatten.

Die Wühlmaustreffen waren für mich vor allem empowerend. Wir durften viel (viel mehr, als bei den meisten Eltern erlaubt war) und deshalb konnten wir plötzlich auch viel. Ich traute mich, in den Treffen Dinge zu machen, die ich im meinem sonstigen Alltag nicht hatte, kannte oder durfte. Dazu zählt unter anderem der Umgang mit Äxten, auf hohe Bäume klettern und oben Äste absägen, im Wühlmausweiher (auch mit Eisschicht) baden und spielen, Bäume pflanzen, Pilze und Kräuter sammeln, Honig machen, mit kaputten Schlitten irgendwo runterfahren, draußen übernachten ohne Zelt.

Ich habe aus den Wühlmäusen Mut und Verantwortung, Freunde und Selbstbewusstsein und Glaube in meine eigenen Fähigkeiten aber auch Wissen über die Natur und das Gefühl von Freiheit mitgenommen. Außerdem habe ich bei den Wühlmäusen gelernt, dass man als Gruppe echt viel geschafft bekommt, was alleine gar nicht möglich ist. Hinzu kommt, dass ich mitgenommen habe, das man Regeln auch mal missachten kann, wenn es niemandem schadet und Dinge einfach zu machen/auszuprobieren.

Was waren die tollsten Erlebnisse bei den Wühlmäusen?

Die Paddeltour auf der Dordogne, Überlebenstouren, die Fahrradtour nach Hering, das NAJU-Lager, Hirschbrunft, Stangensuchen, Hermelin-Weiher bauen.

Luna Roos

Erleben und Leben lernen

Seit mich mit sechs Jahren eine Schulfreundin mit zu den Wühlmäusen nahm, wuchs stetig meine Begeisterung für die Gruppenstunden. Ich hörte nie auf, zu den

Wühlmäusen zu gehen. Immer wieder zieht es mich nach Malchen in den alten Wald und zu Ecki, in sein uriges Haus und den wunderschönen wilden Garten. Dies mag vor allem an den ganzen Erinnerungen früherer Gruppenstunden liegen, die mich dort immer einholen und natürlich Eckis seelenruhige Art. Als sich unsere Gruppe nach der Schulzeit langsam auflöste, leiteten er, Sophie und ich ein paar Jahre später unsere eigene Gruppe und versuchten, den Kindern genauso schöne Erlebnisse zu schaffen, wie wir sie früher hatten. Die Erfahrung bei den Wühlmäusen hat mein Leben nachhaltig auf positive Weise geprägt. Ob es ein Spaziergang bei Nacht im Wald ist, ein spontanes Baden in einem Teich, See oder Fluss, die Neugierde auf neue Erfahrungen und die Natur oder noch tausend andere kreative und schöne Ideen die Ecki in unser Leben und unsere Köpfe pflanzte. Ihm ging es nie darum welche Fähigkeiten wir mitbringen oder welche Leistung wir zeigen, sondern uns die Natur näherzubringen und neue und ungewöhnliche Erfahrungen erleben zu lassen. Wir begannen, uns selbst besser kennenzulernen und Selbstvertrauen aufzubauen. In fast jeder Gruppenstunde gab es ein neues Projekt, das uns forderte und zu gleich begeisterte. Wir bauten Fledermaushäuschen, ernteten Kartoffeln und fällten Bäume. An anderen Tagen reinigten wir einen der Teiche, siedelten Amphibien um oder lernten, wie man ein gutes Lagerfeuer entzündet. Er erklärte uns, welche Bäume gefällt werden müssen, um anderen Arten eine bessere Chance zu geben und säte Wildblumenwiesen für die Bienen mit uns. Mit seiner ruhigen und verschmitzten Art zeigte er uns im Wald den Umgang mit Messer, Axt und Säge und ließ uns alles direkt ausprobieren. Das Vertrauen, dass er uns Kindern schenkte, nahm uns die Angst vor Fehlern und schenkte uns Sicherheit. Dieses Selbstvertrauen muss auch der Grund dafür sein, dass wir uns trotz des Umgangs mit scharfen Äxten und Messern nur sehr selten verletzten und uns trauten, neue Dinge auszuprobieren.

Durch Ecki gewannen wir mit die schönsten Erinnerungen unseres Lebens: Die Hirschbrünfte im Taunus, Paddeltouren in Frankreich und Tschechien und eine Eseltour durch den Odenwald. Auch Hüttentouren in den Alpen und Fahrradtouren mit Zelt gehörten im Sommer dazu und wir lernten unsere eigenen Kräfte besser kennen. Diese ewige Leichtigkeit und Besonderheit dieser Erlebnisse werden wir immer in uns tragen und irgendwann auch versuchen, an unsere Kinder weiterzugeben. Ecki prägte unser Leben auf einzigartige Weise, weil er wie wir Kinder dachte und uns täglich auf Augenhöhe begegnete.

Lea Kerwer

Was habe ich aus der Wühlmauszeit bis heute mitgenommen?

Aus meiner Wühlmauszeit habe ich vor allem die Faszination für die Natur mitgenommen. Was man draußen im Freien alles erleben kann, wie komplex natürliche Prozesse aufgebaut sind und ineinandergreifen, wie viel es zu entdecken gibt, wenn man sich mit offenen Augen und Ohren draußen bewegt und wie viel ich aus der Natur nutzen kann, wenn ich nur weiß, wo ich es suchen muss. Seit meiner Wühlmauszeit schlägt mein Herz für den Naturschutz und die Wühlmäuse haben einen großen Anteil daran, dass ich Ökologie studiere. Von Ecki habe ich gelernt, richtig zu schaffen, mit anzupacken und wie bereichernd es ist, wenn dir auch schon als Kind Dinge zugetraut werden, man mitentscheiden darf, du für voll genommen wirst und selbst Verantwortung tragen darfst. Meine schönsten Urlaube habe ich mit Wandern, Wildcampen und Paddeln verbracht und bei den Wühlmäusen habe ich gelernt mir das alles zuzutrauen und so richtig zu genießen.

Was waren die tollsten Erlebnisse bei den Wühlmäusen?

Die schönsten Erinnerungen habe ich an unsere vielen Touren, ob zu Fuß oder im Kanu, die vielen Lagerfeuer, Übernachtungen unter freiem Himmel, Wildkräutersalate, röhrende Hirsche und Überlebenstouren. Besonders waren auch die Arbeitseinsätze im Wühlmaus-Wald und am Wühlmaus-Weiher und schließlich an unserem „eigenen" Teich, dem Hermelin-Weiher. Es macht großen Spaß, wenn man am Ende müde ist, aber das Ergebnis der eigenen Muskelkraft direkt vor Augen hat. Außerdem kam unsere jugendliche Energie so meistens einem der Biotope zugute. Die Touren und Arbeitseinsätze haben vor allem eines gemeinsam: Dass wir als Gruppe zusammen etwas geschafft haben. Und von einigen meiner Wühlmaus-Freundschaften weiß ich: Sie werden mich noch sehr viele Jahre begleiten, vielleicht sogar für den Rest meines Lebens.

Jetzt noch drei Kommentare von jüngeren Wühlmäusen, 15, 12 und 10 Jahre alt:

Eichhörnchen: Die Krassen Krähen sind immer draußen im Wald oder in Eckis Garten. Bei jedem Wet-

ter, egal ob es regnet oder stürmt. Oft pflanzen wir Bäume, schützen Pflanzen oder bauen etwas für den Tierschutz (Turm der Tiere). Es gibt wenige Regeln. Wir machen das alles, weil wir es wollen. Wir wollen uns für die vom Aussterben bedrohten Tiere und Pflanzen einsetzen. Manchmal spielen wir auch Spiele oder wandern. Am liebsten mag ich das Paddeln. Mit Zelt und Proviant eine Woche am und auf dem Wasser.
Danger: Ich bin bei den Wühlmäusen, weil ich es mag, in der Natur zu sein. Ich mag es sehr, weil es so tolle Tiere gibt. Bei den Wühlmäusen schützen wir die Natur und bauen Sachen wie z. B. Nistkästen. Es herrscht hier eine schöne Atmosphäre.
Loreley: Ich bin bei den Wühlmäusen, weil mir Ballett keinen Spaß mehr gemacht hat und weil ich in die Natur wollte. Mir macht es Spaß, dass wir einen Teich gebaggert haben und wir sogar selbst baggern durften. Ich mag auch an den Wühlmäusen, dass ich ein eigenes Patenhuhn namens Hanni habe. Als Letztes macht es Spaß, sich für die Umwelt einzusetzen.

14. The Real Life Guys

Diesen Abschnitt wollte Philipp schreiben. Wegen seines frühen Todes kam er leider nicht mehr dazu. So schreibe ich diesen Teil und werde so viel wie möglich aus seinem Buch zitieren: „Meine Real Life Story" von Philipp Mickenbecker. Er und sein Zwillingsbruder Johannes waren und sind Mitglieder der Wühlmausgruppe „Hermeline". Sie nahmen an vielen Arbeitseinsätzen zur Förderung der Artenvielfalt und Naturerlebnis-Veranstaltungen teil, z. B. Hirschbrunft und Schlafen im Winterwald. Für kurze Zeit waren sie auch Gruppenleiter. Ihre Ziele decken sich weitgehend mit denen der Wühlmäuse. Aber ihre Schwerpunkte haben sie anders gesetzt. Gemeinsame Ziele sind: Statt Leben aus der Konserve (TV, PC, Handy und sich leiten lassen von Werbung und dem eitlen Streben nach Äußerlichkeiten), lieber das Original, die artenreiche Natur erleben. Nicht immer das machen, was alle machen, sondern etwas Neues entdecken und entwickeln. Es gibt viele Möglichkeiten.

„Wahrscheinlich können nur Zwillinge verstehen, wie schön es ist, immer den besten Freund bei sich zu haben – und nicht nur irgendeinen Freund, sondern jemanden, dem man zu hundert Prozent vertrauen kann, der den gleichen Geschmack, die gleichen Ideen und die gleichen Ansichten hat wie man selbst."

„Die ersten vier Jahre unserer Schulzeit mussten wir

überhaupt nicht zur Schule gehen, sondern wurden von unserer Mutter zu Hause unterrichtet. Unsere Eltern wären dafür am Ende fast ins Gefängnis gegangen, mussten mehrmals vor Gericht und Strafe zahlen, weil wir nicht in der Schule waren."

„In vielen Ländern ist ‚Homeschooling' inzwischen ein gängiges Konzept, nur in Deutschland wird das einfach nicht akzeptiert, obwohl man uns jederzeit auf unseren Leistungsstand hätte überprüfen können, der vermutlich besser war als bei den meisten ‚normalen' Schülern. In der vierten Klasse haben wir schon mit x und y gerechnet – und dass, obwohl wir nur drei oder vier Stunden am Tag Unterricht hatten. Den Rest des Tages konnten wir mit Freunden im ‚Real Life' verbringen."

„... Wahrscheinlich ging es den anderen wie Hühnern, die in ihren Legebatterien groß geworden waren und das Leben da draußen gar nicht kannten. Die nicht wussten, wie viel Freude es macht, kreativ zu sein, zu versuchen, das Unmögliche zu schaffen und selbst Lösungswege zu entdecken, anstatt die Lösungswege auswendig zu lernen, die jemand anders entwickelt hat."

„In der Schule lernte niemand aus Interesse. Hier lernte man für die Noten im Zeugnis."

Die beiden Mickies langweilten sich im „Gefängnis", als dass sie die Schule empfanden so sehr, dass sie ver-

suchten durch kreative Aktionen etwas gegen die Langeweile zu tun.
„Als unsere Geschichtslehrerin dann zu ihrem uns zu Tode langweilenden Vortrag über den Zweiten Weltkrieg auf die fallenden Bomben zu sprechen kam, gab es draußen einen derartigen Schlag, dass die ganze Klasse zusammenfuhr und unsere Lehrerin nur noch stammelte, dass der Krieg nun wohl tatsächlich anfangen würde. Das waren diese Momente, für die es sich dann doch lohnte, in die Schule zu gehen, denn sie machten die ganze Langeweile wenigstens etwas erträglicher.
Oder das Vorspiel, das wir in Englisch vorbereiten sollten: Wir spielten einen Banküberfall, nur dass die Waffe, die Johannes in der Hand hielt, keine Spielzeugwaffe war, sondern eine unserer Knallgaspistolen. Als er abdrückte und unser Kumpel bei dem brutalen Knall täuschend echt zusammenbrach, fand unsere Lehrerin das Ganze überhaupt nicht witzig. Außerdem war noch jemand vom Schulamt dagewesen – die nette Frau wirkte nach der Aktion etwas verstört."
Sie fotografierten und filmten in der Natur, gewannen den Jugend-Tierfilmerpreis und „nach einiger Zeit hatten wir das perfekte Bild vom Eisvogel mit Fisch im Schnabel gemacht, und irgendwann hatten wir jeden Vogel gefilmt, den es hier gab. Jetzt hatten wir auch nicht mehr so viel Zeit, die nötig gewesen wäre, um

noch bessere Bilder zu machen. Und das wurde auf Dauer auch etwas langweilig.
Wir waren trotzdem noch viel draußen und suchten uns immer neue Abenteuer, meist gemeinsam mit unserem besten Freund Eric. Zum Beispiel haben wir im Wald mit Warnwesten ganz offiziell einen ganzen Holzstapel geklaut, auf den Hänger von Erics Eltern geladen und an den Rhein gefahren. Aus dem Holz haben wir ein richtig schönes Floß gebaut und sind damit gemeinsam mit unserer Schwester Elli und einigen anderen Freunden den Rhein herunter getrieben. Wir wurden von der Polizei angehalten und konnten sie überzeugen, dass das alles ganz legal war. Die Polizisten waren sichtlich erleichtert, dass wir keine Minderjährigen mehr waren und auch nicht unkontrolliert auf einem brennenden Stück Holz den Rhein herunter trieben, wie es ihnen gemeldet worden war. Wir waren tatsächlich mit einer Fähre zusammengestoßen, wahrscheinlich hatte der Kapitän die Polizei alarmiert. Und ja, wir hatten auch ein Lagerfeuer an Bord, allerdings auf einer Metallplatte – und schließlich nennt man die Beleuchtung von Schiffen doch Befeuerung.
Als wir am nächsten Tag in der Schule von diesen Abenteuern erzählten, konnten sich nur wenige unserer Mitschüler dafür begeistern. Sie konnten sich offiziell gar nicht vorstellen, wie viel Spaß so eine Aktion

im Real Life machte. Sie hingen lieber den ganzen Tag an ihren Handys und zockten zu Hause irgendwelche PC-Spiele. Das fanden wir total schade, denn das wahre Leben findet nun mal draußen statt, und da es einmalig ist, sollte man es doch auch möglichst auskosten, oder? Und wenn man tolle Erlebnisse mit Freunden teilt, dann verdoppelt sich der Spaß."

Ein anderes Mal bauten sie eine Seilbahn über einen 100 Meter breiten Steinbruchsee. Beim Bau traten eine Menge erheblicher Schwierigkeiten auf, so dass das Projekt mehrere Male kurz vor dem Scheitern stand. Schließlich konnte man sie hängend und mit ziemlicher Geschwindigkeit benutzen und sich dann in den See fallen lassen.

„In einem kleinen Schlauchboot fuhr ich hinaus auf den See. Ich schaute nach oben und konnte kaum glauben, dass die spontane Idee, die wir in der Mittagspause gehabt hatten, tatsächlich Wirklichkeit geworden war. Es war dieses Gefühl, das ich schon als Kind so geliebt hatte. Diese Zufriedenheit, wenn man selbst etwas auf die Beine gestellt hatte, wenn alle Mühen sich gelohnt hatten. Das ist einfach etwas völlig anderes, als in der Schule auf Aufforderung hin zu tun, um sich danach dafür benoten zu lassen. Nein, die treibende Kraft war unsere eigene Motivation."

„Das Ausmaß der Regeln, es sprengt meine Liste
Man sperrt uns ein in eine Wattekiste.

Man tauscht unsere Freiheit für Sicherheit ein.
Und meint so würden wir glücklicher sein.
…
Wer nichts macht, macht auch nichts falsch.
Und davor will man uns bewahren.
Deshalb schützen uns Regeln vor tausend Gefahren.
Mir scheint wir sind Idioten.
Gesteuert von Verboten.
Die nicht mehr selber denken.
Weil andere sie lenken.
…
Und ja, ich bin mir sicher,
dass man keinem schadet.
Und auch nichts zerstört,
wenn man am Steinbruch badet.
Auch wenn er uns nicht gehört."

Später bauten die Real Life Guys eine fliegende Badewanne, ein Flugzeug, ein U-Boot, eine Hobbithöhle, ein dreistöckiges Baumhaus, eine Wasserrutsche, die vom Dach ihres Hauses in einen Tümpel führt und vieles mehr. Sie setzen alles ins Internet, wurden millionenfach angeklickt und bekommen für jeden Klick ein paar Cent, wovon sie leben. Einen Beruf gelernt haben sie nicht. Aber von vielen Firmen kamen lukrative Angebote, wegen ihrer Fähigkeiten und der Zähigkeit, mit der sie Aufgaben angehen.

Weitere Infos gibt es im Internet unter youtube.com/TheRealLifeGuys und im Buch: Philipp Mickenbecker: Meine Real Life Story.
Kindergartenkinder sind lernbegierig. Das wird mit dem Eintritt in die Schule schnell weniger. In den riesigen Klassen, in denen bis über 30 Schüler eingepfercht sind, kann auf individuelle Besonderheiten keine Rücksicht genommen werden, wird Wissen eingehämmert und für gute Noten gelernt. Philipp und Johannes Mickenbecker haben eine Alternative kennengelernt und deshalb das Negative unseres Schulsystems besonders deutlich bemerkt und sie haben darunter gelitten. Sie sind sogar einmal „hochkant von der Schule geflogen“ – nicht wegen mangelnder Leistung, sondern wegen ihrer unüblichen Kreativität.
Wir brauchen kleinere Klassen. Wenn ich das Menschen erzähle, stimmen alle zu. Wenn ich aber erwähne, dass das bezahlt werden muss, es also mit Konsumverzicht für Erwachsene und Steuererhöhungen verbunden ist, dann wollen das nur noch wenige und so wird das Kinderquälen weiter gehen und so kreative, aktive Menschen wie die Real Life Guys werden nur sehr, sehr, sehr selten heranwachsen.
Am 9. Juni 2021 ist Philipp gestorben. Sein Tod hat mich sehr ergriffen und nachdenklich gemacht. Er ist nur 23 Jahre alt geworden. Als der älteste der Gesamtgruppe wäre eher ich dran gewesen. Mit über 50 habe

ich mit den Wühlmäusen angefangen. Was hätte Philipp mit 50 gemacht? Was hätte er vorher alles angefangen und zur Vollendung gebracht? Man kann manches beeinflussen. Aber letztendlich haben wir es nicht in der Hand, wann wir diesen schönen Planeten verlassen müssen. Wir sollten dankbar sein für jeden Tag, an dem wir hier leben dürfen, ihn genießen und uns an allen auch noch so kleinen Kleinigkeiten naiv und unkritisch freuen, mit denen wir dazu beitragen, diesen Planeten noch lebenswerter zu machen, so wie das Philipp in seinen wenigen Lebensjahren getan hat. Eine große Hoffnung für mich ist, dass sein Bruder Johannes mit den vielen Freunden der Beiden Philipps Lebenswerk fortsetzen will und so die Real Life Guys weiterleben.

15. Früher war alles besser

Vorurteile sind praktisch, weil sie einen vor zu viel Denken schützen. Wer zur eigenen Meinung Passendes hört, übernimmt es kritiklos, während Gegenargumente so lange geprüft werden, bis etwas Negatives oder Unklares gefunden und das Argument abgelehnt wird. Deutlich wurde das auch in der Coronazeit. Viele demonstrieren ohne Maske, dicht gedrängt gegen die völlig überzogenen, unnötigen, willkürlichen Maßnahmen, während andere mutterseelenallein im Wald mit Maske joggen. Begriffe wie Lügenpresse und alternative Fakten wurden eingeführt, um die eigenen Vorurteile zu schützen.

Optimisten gelten als naiv und Pessimisten als schlau. Sie können vieles aufzählen, das heute schlechter ist als früher und Weiteres, das nicht wirklich besser wird. Wer pessimistisch denkt, der sieht alles Negative sehr genau, während er Positives als Ausnahme wahrnimmt und sich damit nicht wirklich beschäftigt. Die Frage, ob in unserer Umwelt und auf unserem Planeten eher die Tendenz zum Positiven oder hin zum Negativen vorherrscht, ist nicht leicht zu beantworten. Eine Zeitung, die grundsätzlich mehr über Negatives als über Positives berichtet, ist „Der Spiegel“. In der Ausgabe vom 3. April 2021 berichtet er unter der Überschrift „Weltuntergang? Im Leben nicht!“ über eine Menge positiver Tendenzen: „Mehr als 40 Prozent aller Menschen wurden in den Achzigerjahren zu den extrem Armen gezählt, heute sind es neun Prozent." „Der Anteil der Menschen, die pro Jahr in Kriegen umkommen", hat Steven Pinker vorgerechnet, „liegt heute bei etwa einem Viertel gegenüber den Achzigerjahren, einem Sechstel gegenüber den frühen Siebzigerjahren, einem Sechzehntel gegenüber den frühen Fünfzigerjahren." Im Jahr 1800 konnten zwölf Prozent der Weltbevölkerung lesen und schreiben, 2016 sind es 86 Prozent. Ozonloch kleiner, mehr Demokratien, Klimaleugner in USA abgewählt, Fridays for Future und etliche weitere positive Tendenzen und Ereignisse werden aufgezählt.

In Natur und Umwelt steht den negativen Tendenzen in Klimaerwärmung und Insektensterben Etliches positiv gegenüber: Saubere Flüsse und Bäche, Tendenz zur Renaturierung, Großvögel, die auf Bäumen oder in Steinbrüchen brüten und fast oder ganz verschwunden waren, sind wieder da: Uhu, Kolkrabe, Kormoran, Wanderfalke, Schwarz- und Weißstorch, Zahl und Fläche von Naturschutzgebieten und aus der Nutzung genommenen Wäldern hat sich vervielfacht. Es dauert seine Zeit, bis sich die Wähler für Parteien entscheiden, die entschieden und mit Schwung gegen die von Menschen gemachte Klimaerwärmung und das Insektensterben vorgehen. Aber auch das wird kommen. Besonders beim Insektensterben kommt es aber nicht

nur auf Bund, Land und Gemeinden, sowie deren Gesetzgebung an. Hier ist auch die Einzelinitiative von möglichst vielen Menschen gefordert, denn in jedem Garten, ja, auf jedem Balkon kann etwas für die am stärksten Betroffenen, die Nektarsauger, getan werden. Geranien haben keinen Nektar. Viel Nektar und Pollen haben: Wandelröschen, Glockenblumen, Hängelobelien, Verbenen, Salbei, Elfensporn und Küchenkräuter, wenn man sie blühen lässt.
Es ist noch viel zu tun, bis unser Planet von uns Menschen wirklich positiv verwaltet wird. Aber ungeheuer viele Menschen arbeiten daran und ich empfinde eine tiefe Befriedigung, wenn ich sehe, dass ich an einer kleinen Verbesserung mitgewirkt habe. Für denjenigen, der hier mitmachen will, bieten sich drei Wegweiser an:

1. Sich informieren.
2. Sich mit Gleichgesinnten zusammenschließen und
3. mit einer kleinen Verbesserung anfangen. So muss z. B. ein unnatürlicher Ziergarten nicht gleich komplett in einen Naturgarten umgewandelt werden. Wenn man in einem Rasen ein Gänseblümchen duldet, ist das ein erster Schritt, auf den dann weitere folgen können.

Nachweise und Quellen

Pflanzenzeichnungen: Gertrude Grites
Bildschirmmensch: Pauline Bossers
Rinnenbeet: Lilli Johannson
12-Biotope-Tour: Dorian Krüger
Turm der Tiere: Rita Koch

Alle Fotos: Tino Westphal
außer
Waldkindergarten: Stefan Friedrich
Spanische Flagge auf Wasserdost: Carmen Erwin
Eckhard Woite: Dorian Krüger

Zitate aus „Meine Real Life Story: und die Sache mit Gott“: Philipp Mickenbecker, Adeo 2020, 978-3-86334-283-8

Computerprobleme: Thomas Stöhr, Eris und Martin Balla und viele weitere Helfer

Eckhard Woite
Frankensteiner Str. 62
64342 Seeheim-Malchen
Tel. 06151 595251
eckhard.woite@gmx.de